小胖老師王勇程的

零失敗吐司

大全集

王勇程◎著

學員齊聲喊讚，一致推薦小胖老師！

田瓊惠／親手為孩子做早餐的媽媽（台南朵雲教學教室）

認識小胖老師這幾年，一直被他的風趣幽默感染著，尤其是他做麵包時的態度，讓人覺得輕鬆自在！做麵包不是難事，只要跟著小胖老師，就可以做出好吃的麵包。

這次的吐司專書相信是一本非常棒的麵包教科書，一步一步跟著老師的節奏，大家也都可以做出非常棒的吐司。真心推薦給大家！

江俊杰／茫茫大海中，終尋得小胖老師！

為了家人食的安全，走進了烘焙的世界，卻茫然了！太多的疑惑，四處上課，不是老師解說不詳盡、或有所保留隨便帶過，仍然無法解決我的問題。

直到聽說小胖老師很有名氣，也有直播課，那就試試看吧。天啊！！簡單又仔細的教學，再三叮嚀小細節，讓我重新燃起了鬥志：「我要上小胖老師的實作課！！」

終於上到了老師的課，體會到老師對於烘焙的熱情，為人親切又風趣，上課氣氛不同於一般課程內容豐富又多樣，上課時如行雲流水般的手法更令人嘆為觀止，並且想要把他所知道的一些烘焙知識和技巧都傳授給學員，甚至他可以到每一個學員旁邊詳細指導，課堂上學員的問題一定解說清楚，甚至課後有私訊老師提問有關烘焙的問題，一樣會不厭其煩解答清楚，如同你請了一問家教，讓你在烘焙的路上不會覺得孤單，甚至會有充滿幸福的感覺。

老師並不會就此滿足於現狀，除了精進自己的技術，為了解決一般大眾在烘焙上遇到的問題，尋找更好操作手法提供大家學習，希望每一位上過他的課的學員、或看過直播、甚至買他的書的大眾都能成為高手。

老師的每一本書我都收藏，在《家用烤箱手感麵包》裡，配方單純、食譜清楚、操作簡單、可多樣變化、以家用設備就可以做出很好吃的麵包，更貼近一般烘焙大眾，真讓人拍手叫好，老師要出吐司專書，要用更新、更簡單的手法教大家，真讓人期待！

李采蘋／忙碌上班族的烘焙救星

　　第一次看到小胖老師，是在臉書上看到老師示範怎麼吃髒髒包。他整張臉埋在巧克力裡，真的很好玩！第一次看到這麼不計形象演出的老師，讓人大開眼界！直到參加了老師的直播跟實體教學課程，讓只有看書學做麵包、吐司的我受用無窮，簡單跟著做都能成功。

　　老師對於所有麵糰打法、發酵的判別方式、整形技巧教學超仔細。看著這麼喜感逗趣的老師教課，真的讓人覺得，原來做麵包可以這麼簡單、放鬆又療癒！

　　直播課的教學，對於我們上班壓力大、又沒時間上課的人提供很大的便利性，我個人真的超推薦的！！

作者序

簡單、方便、健康、養生的吐司，你我都學得會！

小胖老師／王勇程

　　小胖老師在教學十幾年的過程中，看到很多同學追求著不外乎吐司的柔軟度、味道、口感，也嘗試了許許多多的麵種。但礙於各種客觀因素影響，大家在家裡也不是每天生產很多的麵種，時常養到一半都丟棄，真的很可惜。

　　吐司，看似簡單、單調，卻是最常食用的麵包款式，在這本書裡，沒有複雜難買的食材、可能是冷凍庫裡都會備著的乾貨、櫃子裡的罐頭、或是巷口菜市場裡一定買的到的材料，因為簡單方便，你我的烘焙之路才能長久。

　　老師知道大家追求的吐司境界，所以替大家研發了一個最簡便、最快速、零失敗的方法，讓每一位讀者，拿著書，跟著步驟一步一步操作，絕對可以做得出 100 分的好吃吐司！

　　話不多說，動手做就對了！

學員推薦　　　　　　　　　　　　002

簡單、方便、健康、養生的吐司，
你我都學得會！　　　　　　　　　003

做麵包零失敗的 10 件事！　　　　004

在家做吐司的入門筆記　　　　　　012

 第一部

色彩吐司

01 鮮奶吐司　　　　　　020

02 雞蛋吐司　　　　　　028

03 胚芽吐司　　　　　　030

04 全麥吐司　　　　　　032

05 雜糧吐司　　　　　　034

06 黑麥吐司　　　　　　036

07 豆奶吐司　　　　　　038

08 優格吐司　　　　　　040

09 椰奶吐司　　　　　　042

10 油蔥酥吐司　　　　　044

第二部

養身吐司

01 紫蔬吐司　　　　　　048

02 花椰菜吐司　　　　　056

03 南瓜牛奶吐司　　　　064

04 翡翠地瓜吐司　　　　066

05 波蜜吐司　　　　　　068

06 紫薯吐司　　　　　　070

07 枸杞吐司　　　　　　072

08 黑芝麻吐司　　　　　074

09 海帶芽吐司　　　　　076

10 海苔吐司　　　　　　078

第三部

包料果香吐司

01 波芭吐司　　　　　082

02 蘋果莓莓吐司　　　090

03 黑糖桂圓吐司　　　098

04 葡萄吐司　　　　　106

05 黑豆吐司　　　　　108

06 藍莓吐司　　　　　110

07 香橙吐司　　　　　112

08 芒果吐司　　　　　114

09 百香鳳梨吐司　　　116

10 綜合水果吐司　　　118

11 紅麴莓果吐司　　　120

12 黑米吐司　　　　　122

13 燕麥葡萄吐司　　　124

14 黑糖吐司　　　　　126

15 綜合穀米吐司　　　128

16 楓糖吐司　　　　　130

17 蜂蜜吐司　　　　　132

18 抹茶紅豆吐司　　　134

19 伯爵紅茶吐司　　　136

20 巧克力吐司　　　　138

21 摩卡咖啡吐司　　　140

第四部

包料鹹香吐司

01 番茄吐司　　　　　144

02 香蔥玉米吐司　　　152

03 火腿吐司　　　　　154

04 起司吐司　　　　　156

05 煙燻起司吐司　　　158

做麵包零失敗的 10 件事！

　　我常遇到學生第一次在課堂學做麵包，每次都有千奇百怪的問題，從基本的麵粉、酵母，到製作過程等，可見大家對於做麵包仍是存有很多疑問，現在就從麵包師傅的角度、自家烘培的運用出發。首先，大家要先知道做麵包零失敗的 10 件重要事情，接下來就很容易上手囉！

1. 仔細閱讀食譜

　　每一個做麵包的初學者，都是先參考書籍或食譜而來的，因此一定要先仔細閱讀了解每個食譜的步驟，當中也會透露出許多麵包師傅的小撇步。

　　而且大家不可能把所有食譜配方都記下來，就算是我也要看著配方紀錄，才能準確的操作每個步驟。因此，我建議大家看到喜歡的配方，也要了解當中的操作過程，才能更順手，不會再手忙腳亂。

2. 事先細心備料

　　做麵包要準備的基本材料其實都差不多，主要差別在於一開始所使用的配料。

　　在本書中，有些材料是前一天需要準備起來的，或是預先要浸泡一晚的，記得要提前準備，才不會在進行操作時手忙腳亂、缺這缺那的喔。

3. 必須精準衡量

　　做麵包和做蛋糕、餅乾一樣，材料比例絕不馬虎，尤其是水分和麵粉的比例拿捏是絕對的關鍵，不論是放少、放多都會影響麵糰成形。

　　而糖、鹽巴拿捏也很重要。糖放太多會使麵團黏手，而加太多鹽抑制酵母發酵，而導致發酵失敗。

　　因此，建議大家入門時避免挫敗感太大，一定要照著食譜比例做麵包，且一定要必備電子秤和量杯，皆以公制衡量單位為標準。精準衡量是做麵包不失敗的入門第一課。

4. 放入酵母時機

　　酵母發酵成功與否，是影響麵糰口感的關鍵之一。

　　很多人認為酵母發酵失敗的原因跟溫度、濕度有關，其實和製作過程中放入酵母的時機也有很大的關聯。一開始我都會建議大家，先將乾酵母放進高筋麵粉中拌勻後，再倒入機器中攪拌，避免酵母直接碰到高鹽、高糖或冰塊而降低發酵力。

5. 注意麵糰溫、濕度

麵糰溫度關係著做麵包成功與否，所以隨時觀察麵糰的溫度是必要的。許多學員做麵包會失敗，大多跟溫度脫不了關係。這當中要留意是麵糰在攪打的過程中，因為摩擦會生熱，因此麵糰溫度會提高，我會用冰塊代替一部分的水來攪拌，讓攪拌時的麵溫不要太快升高，以免筋度斷掉。

此外，室內溫度、濕度也要控制，溫度最低不宜低於23℃，最高不宜超過27℃，否則會影響酵母發酵。

6. 隨時觀察麵糰

做麵包的重頭戲就是麵糰，在這整個過程就是要把它顧好顧滿，不論是先前提到的溫度、濕度和投入食材順序都有一定的規則。尤其，在攪打過程中，在放入食材的順序，都要先觀察麵糰現在的情況。

比方說，在乾性材料都拌勻後，才可倒入水；水份都吸收進麵糰，缸邊不沾黏的狀況下，再投入軟化的無鹽奶油，攪拌至缸邊沒有沾油，且麵糰要攪拌至十分筋度完全擴展後，才可以放入果乾類的東西進去用低速攪拌均勻。

而判斷麵糰有沒有打到完全擴展，則可以試將麵糰用手撐開，可以拉出薄膜且不易破裂，就算有破裂，缺口邊緣也是平整沒有不規則鋸齒狀。如此，即可進行發酵。

7. 準備烘焙工具

烘焙工具是所有做麵包的新手遇到的第一道關卡，常會有人問：「我家有麵包機，應該就沒問題了吧！」或是「老師有推薦的工具嗎？」等。我常說要做出好吃的麵包，最基本的家用攪拌機和上下火型烤箱是必備的，其他器具用自己家中的鍋碗瓢盆都可以替代。

為什麼家裡要準備攪拌機，反而不是麵包機呢？

麵包機的攪拌棒是在底部，無法全面性均勻地攪拌，而力道跟扭力也不夠大，打起來的麵糰筋度可能會有落差。

而家用攪拌機有三種攪拌棒，分別為勾狀，可適用於甩打麵糰，讓麵糰更容易出筋，縮短大家揉麵糰的時間；槳狀，用於攪拌餡料、攪拌中種麵糰；球狀，則是可以攪拌液體材料、打發蛋或麵糊，適合做蛋糕使用。

烤架、烤盤品質良好，烤後不會變形。說明書要完整，包括清潔和安全的注意事項。

而每台烤箱的效果都不同，完全遵照食譜也不能保證不出問題，一定要真正了解溫度和時間設定的原則，學會自行判斷，而且每次實驗後都做記錄並據以改進，才能逐漸掌握自己的烤箱，達到「烘焙零失敗」的境界。

8. 烤箱提前預熱

烘焙的基本 4 大要領：

- 1. 烤箱要預熱
- 2. 選擇正確的溫度和時間
- 3. 選擇正確的上下火比例
- 4. 烤盤上的食物要大小一致、排列整齊均勻

我的建議是，麵糰開始整形的時候，就開啟烤箱預熱的動作。預熱時間需要多久？每家廠牌的烤箱都不一樣，烤箱應該要直接到達需要的烘焙溫度才是正確的，千萬不可以還沒到達入爐溫度就放麵包進去烤，這樣麵包會有烤不熟等疑慮。

建議初學者除了依照食譜的指示設定烤箱外，但其實每台烤箱的效果都不同，完全遵照食譜也不能保證不出問題，一定要真正了解自家烤箱的溫度和時間設定，學會自行判斷，而且每次實驗後都做記錄並據以改進，才能逐漸掌握自己的烤箱，達到「烘焙零失敗」的境界。

選擇上下火的烤箱，較能控制溫度，食物在烤箱裡烘烤，需要來自上方和下方的火力。原則上，烤越厚的東西麵糰溫度要比較低；烤越薄的麵糰溫度要比較高。但如果家裡的烤箱只有一個溫度設定鈕，就把它設定成上下火的平均溫度，並調整烤盤位子。例如食譜上寫「上火 160℃，下火 200℃」，就把自己的烤箱設定在 180℃，烤盤放在最下層，但仍要時常關注烤爐中麵包的狀態才行。

9. 避免過度操作

製作麵包時很忌諱過度操作。比方說過度攪拌，雖然也會產生薄膜，只是拉出來的薄膜會有很大的破洞，而且麵糰會出水、黏手、扁塌，這樣被稱為「斷筋」，從麵糰外觀上可以很明顯的看出來，麵糰會變得不易成糰，且像口香糖一樣濕黏，這就是攪拌太久。

再來，有的人想縮短麵包製作時間，會故意把酵母量多放一點，讓麵糰能在短時間快速發酵，但其實過度發酵的麵糰，烘烤出來的麵包可能會回縮，口感也不好。嚴重影響口感及外觀，千萬別為了省時間而貪心放入過多酵母，反倒適得其反。

10. 定時查看烤爐

在烘焙麵包的時候，在進入烤爐的那一刻，就要使用定時器，並且隨時注意烤爐裡面的狀況。

我習慣在烤至一半時間，會去查看麵包外形、膨脹狀況、及上色程度，再決定是否烤盤掉頭烘烤。

絕對不要一直打開烤箱門查看，避免讓冷空氣進入烤箱，而影響烤箱內的恆溫。建議要指定烘焙時間超過一半，才能稍稍開一點縫隙偷看一下。

在家做吐司的入門筆記！

　　要開始做麵包，首先要準備做麵包的基本材料和烘焙工具，只要工具備妥，基本上就成功一半囉！但要注意的是，這些材料和工具在挑選和使用上，還有些技巧和細節要小心。現在，就跟著我的說明一起進入吐司世界！

6 種做吐司的基本材料

一、高筋麵粉：製作麵糰的主結構

　　大家都知道做麵包要使用高筋麵粉（簡稱高粉）。麵粉根據其蛋白質所含量的不同，分為低筋麵粉、中筋麵粉和高筋麵粉。高筋麵粉的蛋白質和麵筋含量最高，蛋白質含量在10%以上。蛋白質高的麵粉，麵筋擴展良好、延展性較佳、彈性也很好。

　　而各家廠牌麵粉的吸水率也會有所差別，通常日系麵粉的粉質較細緻，吸水率較高，口感上會比較柔軟；而台製麵粉筋性較強韌，吸水率通常在 60% ～ 70% 之間，口感也比較有彈性，可依個人喜好來選購。

　　麵粉保存要盡量放在乾燥且低溫的地方，避免陽光照射，如果開封後短時間用不完，可以封緊袋口，放入冰箱冷藏保存。

｜小胖老師筆記｜ 麵粉挑選重點

挑選高筋麵粉時，有 3 個重點要注意：看、聞、摸，才不會挑到劣質的麵粉，以免貪小便宜而得不償失。

1. 看一看

購買麵粉時，要注意看包裝上的生產日期、原料，此外，正常的麵粉，其色澤應會呈現乳白或稍微偏黃，但如果麵粉的顏色是呈現純白色或灰白色，就可能是不肖廠商添加了「漂白劑（過氧化苯）」的麵粉，如果沒有添加，通常在包裝上都會特別標示。但是在購買散裝的麵粉時，因為麵粉袋上沒有標明，必須要特別詢問店員。

2. 聞一聞

打開麵粉時聞聞看，若有發現受潮的霉味，就表示麵粉已經過期，千萬不能使用。

或者購買回家後，可以先在製作前取用一點麵粉，加水攪拌後細聞它的味道，正常的麵粉會有淡淡的麥香味。

3. 摸一摸

高筋麵粉的觸感是細緻且光滑，在選購麵粉時，若是尚未包裝的麵粉，可以抓取一點點在指尖，如果麵粉會順利從指縫中流出且不沾附在手上，就表示這樣的麵粉品質是正常的。如果緊捏有塊狀，有可能是低筋麵粉或是已經受潮。

二、水：構成麵包的骨架

麵粉要成糰，靠的就是水，麵粉中的蛋白質要吸飽水才能形成筋性，若是水太少會讓筋性無法擴展，若是太多則無法成糰，或是麵糰變得黏手不易整形。此外，先前提到的水溫也會影響發酵，一般建議使用冰塊水（冰塊代替一部分的水來攪拌），讓攪拌過程可以降溫。

|小胖老師筆記| 水質的挑選重點

製作麵包所使用的水，不需要特別過濾到完全無雜質，因為水中含有礦物質可以幫助酵母發酵，只需要家用的飲用水即可，常見的家用水主要 3 種：

1.RO 滲透純水

這種水質過於乾淨，反而不適合做麵包，因為水中含有微量礦物質本可以幫助酵母作用，但純水中都過濾掉了，反而不會輔助發酵。

2. 電解水

電解水是屬於鹼性水，但酵母喜歡在中性水（約 ph 值 5.5）的環境中，所以鹼性水反而會較低酵母活力，減弱麵筋的強度，因此並不適合。

3. 煮沸白開水

做麵包的水最推薦用白開水，若是家裡的水管較老舊，打開會有鐵鏽味，那麼就利用市售礦泉水取代。

三、酵母：使麵糰膨脹的魔法

在製作麵包的過程中，酵母是不可或缺的材料之一，它的主要功能是幫助麵糰膨脹。透過酵母發酵過程中會產生二氧化碳變成氣泡，使麵糰膨脹有彈性。

本書是最簡單的零失敗吐司書，全書皆採用速發酵母。

速發酵母又稱乾酵母（active dry yeast）：

新鮮酵母經乾燥後呈休眠狀態，稱之為「乾酵母」。乾酵母的使用方法為直接與麵粉投入攪拌盆和濕性材料攪拌均勻即可。

因為速發乾酵母保存方便，使用也簡單，很適合新手入門。因此，本書是以一般速發乾酵母作示範。

四、鹽：協助酵母作用

製作麵包時加入少許鹽，可以讓酵母發酵穩定，並且有提味、強化麵糰筋度，增加延展性的作用。但若麵糰裡有的鹽多於 2.2% 以上，會逐漸降低酵母發酵力，因此最適宜的鹽巴比例添加量建議為 1～2%。

| 小胖老師筆記 | 鹽的選用

至於鹽的種類並沒有硬性規定，但是可以建議某些種類的鹽，適合用於哪種麵包：

1. 天然鹽（玫瑰鹽、岩鹽）：
天然鹽的礦物質較多，可以提供麵糰養分，增添麵包的口感，較適合運用在歐式麵包、法國麵包這類少油少糖的麵包上。

2. 一般精鹽：
因為一般精鹽的風味並不明顯，適合運用在製作甜麵糰、吐司上。

五、糖：增加風味、口感較佳

糖可以幫助酵母發酵，並有保濕的效果，適量的糖份也能幫助麵包上色漂亮。若是放過多糖分，則會影響酵母發酵，這就是為什麼一開始我說要「分量精準」的原因。

一般來說，都是使用白砂糖做麵包，有些歐包可以使用二砂糖（赤砂）製作，因為礦物質含量高，麵糰攪拌起來會比較香，反而效果會比黑糖來得好，黑糖經過發酵後會揮發，所以製成麵包後其實黑糖的香味，相對會減弱。

| 小胖老師筆記 | **糖的選用**

而糖的種類也分為很多種，不論是液態糖或是顆粒狀的糖粉，或是國外進口的糖，例如上白糖、三溫糖等。都各有其特色，以下一一說明：

1. 液態的糖：
有時候會遇到同學問，「能不能用麥芽糖、果糖替代？」等較濕潤的糖類來製作麵包，事實上，這類型的糖比較容易讓麵粉吸收，麵包會比較濕潤、口感較佳。但不能全部取代糖份，否則會影響麵包的膨脹度。若要添加只能佔糖份比例的 30% 之內。

2. 一般顆粒糖：
做麵包最常使用的就是一般的白砂糖或二砂糖。冰糖價格偏貴且較難溶解，通常不建議使用。

六、油類：軟化麵糰、增加香氣

這些油類屬於「柔性材料」，能增加麵包的特殊風味，奶油種類很多。例如：酥油、橄欖油、無鹽奶油都很常見。但酥油屬於化學合成不健康，因此，製作時最常使用的是無鹽奶油。無鹽奶油主要功能是增加香氣，促進麵糰的延展性與柔軟度，對發酵麵糰有潤滑作用。一般來說，我們都是使用「軟化奶油」也就是從冰箱拿出來後，要放在室溫下回溫，待奶油稍微柔軟，手指頭壓下去是軟軟的感覺即可。若是來不及退冰，建議可以切成小塊，就能很快軟化。

| 小胖老師筆記 | **油該如何使用**

若要使用液態油脂，例如：橄欖油、葵花油等，建議和水一起混和後再拌入麵粉中，可以讓麵糰較好吸收。

1. 家用桌上型攪拌機

　　雖然喜愛烘焙的人家中都具備有麵包機，或是有人喜歡用手揉麵包，但若想要製作出有一定水準和口感的麵包，我建議還是使用攪拌機會比較省時省力。桌上型攪拌機的馬力較足夠，能打出筋度較夠的麵糰，操作使用上也很簡單。本書的麵包也都是採用桌上型攪拌機製作，並標示要攪打的分鐘數及速率，提供大家參考。

2. 上下火型烤箱

　　大部分的烘焙點心都需要烤箱才能製成，若依我推薦，會建議挑選有上、下火功能的烤箱，因為每款麵包、點心所需要的火力不同，上下火型烤箱會比較好做調整。但每台烤箱的火力效果都不一樣，必須多使用幾次後才能得心應手。溫馨提醒，每台烤箱在使用上，火溫跟時間都需要參考食譜的設定後，再依自己家中的烤箱做調整。

3. 電子磅秤

　　電子磅秤比一般彈簧秤來得更精準且不佔空間。在製作過程中，磅秤是用來秤量材料的重要工具，是很重要的關鍵步驟，若是材料測量不準，那麼做出來的成品就很容易失敗。建議使用以 0.1 公克（g）為單位標示，好操作易判讀。

4. 攪拌盆

　　攪拌盆是烘焙必備的工具之一，市售的攪拌盆分為強化玻璃及不鏽鋼兩種，可依個人喜好選擇。但重要的是，攪拌盆有分各種尺寸，若是習慣做麵包的人，我會推薦買大一點、深度夠的攪拌盆，一方面攪拌的動作可以比較大一點，容易操作；另一方面也可以多用途使用。而一般最常使用的是鋼盆，因為可以直接放在爐上加溫。

5. 量杯

　　家裡具備容易辨識的刻度量杯，幫助我們在做麵包時，可以測量水分等液態材料。

6. 料理溫度計

　　先前我一再強調麵糰及發酵時的溫度，是影響麵包口感的關鍵，因此溫度計當然是必備的工具之一，大部分麵包師傅都會使用專業型的紅外線溫度計，測溫幅度高達 360 度，低溫可達負 50 度。但一般家用只需要使用料理型溫度計即可。

7. 桿麵棍

　　主要是把麵皮桿開，做麵包造形使用時事半功倍。但桿麵棍有各種長度和粗細大小，也有分有手握處和沒有的，可依個人習慣選擇。若是家中沒有，可以用灰色中空塑膠水管來代替，效果也很好。

8. 切麵刀

　　麵糰基礎發酵後，就要進行分割滾圓，分割時一定要用切麵刀，不能用手撕，形狀會比較完整好看。此外，若是在麵糰中放果乾、堅果等餡料時，可以用切麵刀「拌切」讓麵糰餡料更均勻。

9. 吐司模

　　吐司模則是在製作吐司必備的工具，依大小約可分為 12 兩模、24 兩模、26 兩模這 3 種。

10. 鋸齒麵包刀

　　烘烤完成後，用來切麵包、吐司切片的工具，較不易塌陷。建議選擇舒適好握、好施力。

第一部

色彩吐司

單純無包餡料的吐司，可單吃、可做成三明治，或無窮無盡的變化。每一口都可以吃到吐司的單純綿密。

01 鮮奶吐司	05 雜糧吐司	09 椰奶吐司
02 雞蛋吐司	06 黑麥吐司	10 油蔥酥吐司
03 胚芽吐司	07 豆奶吐司	
04 全麥吐司	08 優格吐司	

Milk-flavored White Toast

鮮奶吐司

超實用的基本款

這是一款一定要會的基本款吐司。單吃有單吃的
單純，搭配其他作法則可做化出無窮無盡的變
化。本書介紹的起司吐司、黑豆吐司、葡萄吐司
等，都是以此款吐司作為基底下去變化。

材料

主麵糰

中筋麵粉	1000 克
糖	120 克
鹽	12 克
乾酵母	10 克
冰塊	150 克
全脂牛奶	520 克
奶油	80 克
麵糰總重	1892 克

製作準備

1 備料

將中筋麵粉、糖、鹽、酵母
等乾性材料一起放入攪拌缸。

2 攪拌

慢速攪拌約十秒鐘,讓材料
充分混合。

小胖老師提醒 若用中速或高速
攪拌,麵粉會噴飛

3 加入濕性材料

將加入冰塊,再將牛奶從攪
拌缸的旁邊慢慢加入。

4 攪拌

以慢速拌慢,攪至冰塊完全
融化。

5 檢視

把攪拌缸側邊攪拌不到的水分以刮刀刮下,讓材料攪拌一致。

✎ 此時麵糰看起來表面有點粗糙

7 加入奶油

9 攪拌

以中速攪拌,大約 2 至 3 分鐘。

✎ 以眼睛判斷,直到麵糰表面光滑為止

6 攪拌

開中速攪拌 3 至 4 分鐘。

小胖老師提醒 由於每一台攪拌機的力道各不相同,要用肉眼判斷,需攪拌至麵糰表面光滑(與步驟 5 有明顯不同),才能進行下一階段。

8 攪拌

繼續以慢速攪拌 3 至 4 鐘。

✎ 這時麵糰裡都看不到奶油了,但攪拌棒與攪拌缸的側邊都會沾上殘餘奶油,利用刮刀將奶油刮入麵糰中

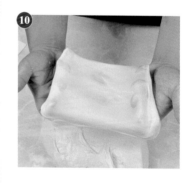

10 拉出一小塊麵糰,測試一下是否可以拉出薄膜

✎ 若可以成功拉出薄膜,代表麵糰已經完成囉

分割與整形　　　　　　　帶蓋吐司作法

11　拿起麵糰

小胖老師提醒 可以滴入三四滴沙拉油至麵糰表面上,再開動攪拌機稍微攪個兩三圈(不要攪太久,不然油會再次滲進麵糰中),接著,用單手從攪拌棒的上方順著攪拌棒往下推到缸底後,就可以一口氣將麵糰完整取出,不會殘留。

12　分割

先切條,再分塊。

✎ 盡量切成圓型或四方形,邊切邊秤重

180 克麵糰 3 份。

拿起麵糰輕輕搓揉,使之表面光滑,不需要特別使力

✎ 麵糰直徑約為 8 公分

小技巧

1. **噴油**:麵糰剛取出時,表面會沾黏,為了方便分切,可在表面噴點油
2. **塑膠桿麵棍**:建議使用**塑膠桿**麵棍。木頭桿麵棍有毛細孔,在桿製過程中容易產生沾黏,塑膠桿麵棍相對好用。

135 克麵糰 4 份。

用桿麵棍將麵糰桿長後整面翻面，再從尾端把麵糰輕輕捲回來，完成一捲

🖊 寬度大約 11 公分

建議每一條麵糰長度一致，長度不夠的可以用手輕輕把麵糰再滾長一點。

小胖老師提醒 用桿麵棍將麵糰桿長，把多餘的空氣都桿壓出麵糰，這是口感綿密的小祕訣。

13 冷凍

將麵糰冷凍 10 分鐘。此舉可提高麵糰的可塑性，也能降低麵糰黏手感。但若冰太久會太硬，不容易桿開。

🖊 若真的冰太久，可室溫退冰

14 整形

從冷凍庫取出後，先噴上一點油以方便操作。

帶蓋吐司作法

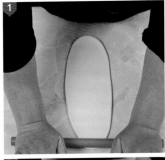

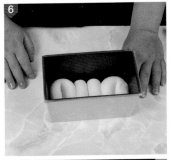

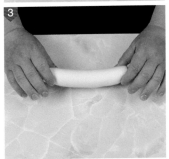

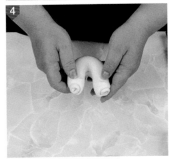

將其中一塊麵糰取出,用桿麵棍桿長

🌾 寬 13 公分／長 30 公分

後翻面,用手輕輕捲起成長條狀

🌾 寬度約 18 公分

輕輕凹折成 U 字型。

三塊麵糰以一正一反,先平置於桌面,接著雙手十指張開,從正上方垂直往下,力道平均抓起三塊麵糰,再放置於吐司模中。可以手指指背輕壓塑形。

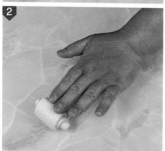

麵糰底部朝上斜放，大約與身體 45 度角。

桿麵棍先從麵糰三分之一處下棍，接著朝向身體往下桿，完成後一手拉著麵糰前端，另一手將桿麵棍輕輕往前推。此舉是要把空氣完全擠出

✐ 四個麵糰的力道盡量控制一致，避免吐司大小不一

此時麵糰長度大約 40 公分，完成後，再從麵糰前端開始，把麵糰輕輕捲回。

小技巧

放進吐司模前，將第一塊麵糰的側邊沾點麵粉，接著放入吐司模。將沒有沾麵粉的那側靠著吐司模，有沾麵粉的那側，將與第二塊麵糰接觸。在第二塊麵糰兩側都沾上麵粉，讓沾粉的那一側與下一塊麵糰接觸。

由於四個麵糰在發酵或膨脹的過程中會互相拉扯，造成圓頂吐司會高低大小不一致，若讓麵糰的接觸面都沾上麵粉，即可降低麵糰黏著的狀況，在膨脹過程中大小就會一致了。

發酵、烘烤與出爐

15 發酵

蓋上蓋子後進行發酵，一定要達到九分高才可以開始烤

✎ 常溫約三小時，會依據季節及室內溫度影響發酵時間

17 出爐

小技巧

離開烤箱請盡快脫模，以避免吐司回縮。

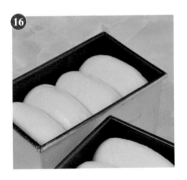

16 烘烤

帶蓋吐司：上火 210 度／下火 230 度。⏰ 烤 35 分鐘。

圓頂吐司：上火 160 度／下火 230 度。⏰ 烤 32 分鐘。

Egg Toast

雞蛋吐司

簡單卻不平凡的
雞蛋吐司

以冰箱中必備的簡單食材,做出口感綿密、營養
又好吃的雞蛋吐司。

材料

主麵糰

中筋麵粉	1000 克
糖	100 克
鹽	14 克
乾酵母	10 克
冰塊	200 克
水	50 克
全脂牛奶	100 克
雞蛋	300 克
奶油	100 克
麵糰總重	1874 克

麵糰製作

1 備料

將中筋麵粉、糖、鹽、酵母等乾性材料一起放入攪拌缸。

2 攪拌

慢速攪拌約十秒鐘,讓材料充分混合。

3 加入濕性材料

將冰塊先加入,再將冰塊、水、全脂牛奶及蛋液慢慢加入。

4 攪拌

以慢速拌慢,攪至冰塊完全融化。

5 檢視

把攪拌缸側邊攪拌不到的水分以刮刀刮下,讓材料攪拌一致。

6 攪拌

開中速攪拌 3 至 4 分鐘。

7 加入奶油

8 攪拌

繼續以慢速攪拌 3 至 4 鐘。

✎ 這時麵糰裡都看不到奶油了,但攪拌棒與攪拌缸的側邊都會沾上殘餘奶油,利用刮刀將奶油刮入麵糰中

9 攪拌

以中速攪拌,大約 2 至 3 分鐘。

10 拉出一小塊麵糰,測試一下是否可以拉出薄膜。

✎ 若可以成功拉出薄膜,代表麵糰已經完成囉

11 拿起麵糰

分割與整形

12 分割

先切條,再分塊。

帶蓋吐司作法

180 克麵糰 3 份。搓揉成圓球狀。

圓頂吐司作法

135 克麵糰 4 份。搓揉成麵包捲狀。詳細作法參考 P23、24

13 冷凍

將麵糰冷凍 10 分鐘。

14 整形

帶蓋吐司作法

將麵糰以桿麵棍桿長後翻面,捲成長條狀再輕輕凹折成 U 字型。三塊麵糰以一正一反,放置於吐司模中。

圓頂吐司作法

將麵糰以桿麵棍桿長後翻面,捲成小卷,讓麵糰沾上麵粉再置入吐司模中。整形的詳細作法參考 P25、26

發酵、烘烤與出爐

15 發酵

常溫約三小時,發酵至七分高才可以開始烤。

16 烘烤

帶蓋吐司烘烤 ⏲ 35 分鐘:上火 210 度／下火 230 度。
圓頂吐司烘烤 ⏲ 32 分鐘:上火 160 度／下火 230 度。

17 出爐

胚芽吐司

養顏美容的胚芽
吐司

胚芽是超級食物之一，營養價值極高、適合老年
人、小孩及孕婦。

材料

主麵糰

中筋麵粉	1000 克
胚芽粉	50 克
糖	80 克
鹽	10 克
乾酵母	10 克
冰塊	200 克
水	430 克
奶油	80 克
麵糰總重	1860 克

麵糰製作

1 備料

將中筋麵粉、糖、鹽、酵母、胚芽粉等乾性材料一起放入攪拌缸。

✎ 胚芽粉要烤過比較香

如果是生的胚芽粉，請用上火 170 度、下火 150 度烤 20～25 分，每 5 分鐘翻一次。或是以鍋子用中小火乾拌炒，不斷翻面至金黃色、香氣飄出即可。

需放涼之後才能拿來製作麵糰。

2 攪拌

慢速攪拌約十秒鐘，讓材料充分混合。

3 加入濕性材料

將冰塊先加入，再將冰塊、水及蛋液慢慢加入。

4 攪拌

以慢速拌慢，攪至冰塊完全融化。

5 檢視

把攪拌缸側邊攪拌不到的水分以刮刀刮下，讓材料攪拌一致。

6 攪拌

開中速攪拌 3 至 4 分鐘。

7 加入奶油

8 攪拌

繼續以慢速攪拌 3 至 4 鐘。

✎ 這時麵糰裡都看不到奶油了，但攪拌棒與攪拌缸的側邊都會沾上殘餘奶油，利用刮刀將奶油刮入麵糰中

9 攪拌

以中速攪拌，大約 2 至 3 分鐘。

10 拉出一小塊麵糰，測試一下是否可以拉出薄膜。

✎ 若可以成功拉出薄膜，代表麵糰已經完成囉

11 拿起麵糰

分割與整形

12 分割

先切條，再分塊。

帶蓋吐司作法

180 克麵糰 3 份。搓揉成圓球狀。

圓頂吐司作法

135 克麵糰 4 份。搓揉成麵包捲狀。詳細作法參考 P23、24

13 冷凍

將麵糰冷凍 10 分鐘。

14 整形

帶蓋吐司作法

將麵糰以桿麵棍桿長後翻面，捲成長條狀再輕輕凹折成 U 字型。三塊麵糰以一正一反，放置於吐司模中。

圓頂吐司作法

將麵糰以桿麵棍桿長後翻面，捲成小卷，讓麵糰沾上麵粉再置入吐司模中。整形的詳細作法參考 P25、26

發酵、烘烤與出爐

15 發酵

常溫約三小時，一定要達到九分高才可以開始烤。

16 烘烤

帶蓋吐司烘烤 ⏰ 35 分鐘：上火 210 度／下火 230 度。

圓頂吐司烘烤 ⏰ 32 分鐘：上火 160 度／下火 230 度。

17 出爐

Whole Wheat Toast

全麥吐司

有著淡淡麥香的
全麥吐司

全麥營養價值高，且含有更多的纖維。

材料

主麵糰

中筋麵粉	800 克
全麥粉	200 克
糖	150 克
鹽	12 克
乾酵母	10 克
冰塊	200 克
水	530 克
奶油	100 克
麵糰總重	2002 克

麵糰製作

1 備料

將中筋麵粉、糖、鹽、酵母、全麥粉等乾性材料一起放入攪拌缸。

2 攪拌

慢速攪拌約十秒鐘,讓材料充分混合。

3 加入濕性材料

將冰塊先加入,再將冰塊、水慢慢加入。

4 攪拌

以慢速拌慢,攪至冰塊完全融化。

5 檢視

把攪拌缸側邊攪拌不到的水分以刮刀刮下,讓材料攪拌一致。

6 攪拌

開中速攪拌 3 至 4 分鐘。

7 加入奶油

8 攪拌

繼續以慢速攪拌 3 至 4 鐘。

✍ 這時麵糰裡都看不到奶油了,但攪拌棒與攪拌缸的側邊都會沾上殘餘奶油,利用刮刀將奶油刮入麵糰中

9 攪拌

以中速攪拌,大約 2 至 3 分鐘。

10 拉出一小塊麵糰,測試一下是否可以拉出薄膜。

✍ 若可以成功拉出薄膜,代表麵糰已經完成囉

11 拿起麵糰

分割與整形

12 分割

先切條,再分塊。

帶蓋吐司作法

180 克麵糰 3 份。搓揉成圓球狀。

圓頂吐司作法

135 克麵糰 4 份。搓揉成麵包捲狀。詳細作法參考 P23、24

13 冷凍

將麵糰冷凍 10 分鐘。

14 整形

帶蓋吐司作法

將麵糰以桿麵棍桿長後翻面,捲成長條狀再輕輕凹折成 U 字型。三塊麵糰以一正一反,放置於吐司模中。

圓頂吐司作法

將麵糰以桿麵棍桿長後翻面,捲成小卷,讓麵糰沾上麵粉再置入吐司模中。整形的詳細作法參考 P25、26

發酵、烘烤與出爐

15 發酵

常溫約三小時,一定要達到九分高才可以開始烤。

16 烘烤

帶蓋吐司烘烤 ⏰ 35 分鐘:上火 210 度／下火 230 度。
圓頂吐司烘烤 ⏰ 32 分鐘:上火 160 度／下火 230 度。

17 出爐

Grains Toast

雜糧吐司

高纖健康的雜糧吐司

雜糧營養，做成吐司讓不喜歡雜糧口感的人都能輕易入口。

材料

中筋麵粉	800 克
雜糧粉	200 克
糖	150 克
鹽	12 克
乾酵母	10 克
冰塊	200 克
水	520 克
奶油	100 克
麵糰總重	1992 克

麵糰製作

1 備料

將中筋麵粉、糖、鹽、酵母、雜糧粉等乾性材料一起放入攪拌缸。

2 攪拌

慢速攪拌約十秒鐘,讓材料充分混合。

3 加入濕性材料

將冰塊先加入,再將冰塊、水慢慢加入。

4 攪拌

以慢速拌慢,攪至冰塊完全融化。

5 檢視

把攪拌缸側邊攪拌不到的水分以刮刀刮下,讓材料攪拌一致。

6 攪拌

開中速攪拌 3 至 4 分鐘。

7 加入奶油

8 攪拌

繼續以慢速攪拌 3 至 4 鐘。

🖎 這時麵糰裡都看不到奶油了,但攪拌棒與攪拌缸的側邊都會沾上殘餘奶油,利用刮刀將奶油刮入麵糰中

9 攪拌

以中速攪拌,大約 2 至 3 分鐘。

10 拉出一小塊麵糰,測試一下是否可以拉出薄膜。

🖎 若可以成功拉出薄膜,代表麵糰已經完成囉

11 拿起麵糰

分割與整形

12 分割

先切條,再分塊。

帶蓋吐司作法

180 克麵糰 3 份。搓揉成圓球狀。

圓頂吐司作法

135 克麵糰 4 份。搓揉成麵包捲狀。詳細作法參考 P23、24

13 冷凍

將麵糰冷凍 10 分鐘。

14 整形

帶蓋吐司作法

將麵糰以桿麵棍桿長後翻面,捲成長條狀再輕輕凹折成 U 字型。三塊麵糰以一正一反,放置於吐司模中。

圓頂吐司作法

將麵糰以桿麵棍桿長後翻面,捲成小卷,讓麵糰沾上麵粉再置入吐司模中。整形的詳細作法參考 P25、26

發酵、烘烤與出爐

15 發酵

常溫約三小時,一定要達到九分高才可以開始烤。

16 烘烤

帶蓋吐司烘烤 ⏰ 35 分鐘:上火 210 度/下火 230 度。
圓頂吐司烘烤 ⏰ 32 分鐘:上火 160 度/下火 230 度。

17 出爐

Rye Toast

黑麥吐司

香氣十足的黑麥
吐司

以隨手可得的黑麥汁作為原料，不但十分方便更
是營養滿分。

材料

中筋麵粉	1000 克
楓糖漿	60 克
鹽	15 克
乾酵母	10 克
冰塊	200 克
水	100 克
黑麥汁	350 克
奶油	50 克
麵糰總重	1735 克

麵糰製作

1 備料
將中筋麵粉、鹽、酵母等乾性材料一起放入攪拌缸。

2 攪拌
慢速攪拌約十秒鐘,讓材料充分混合。

3 加入濕性材料
將冰塊先加入,再將水、楓糖及黑麥汁慢慢加入。

4 攪拌
以慢速拌慢,攪至冰塊完全融化。

5 檢視
把攪拌缸側邊攪拌不到的水分以刮刀刮下,讓材料攪拌一致。

6 攪拌
開中速攪拌 3 至 4 分鐘。

7 加入奶油

8 攪拌
繼續以慢速攪拌 3 至 4 鐘。
這時麵糰裡都看不到奶油了,但攪拌棒與攪拌缸的側邊都會沾上殘餘奶油,利用刮刀將奶油刮入麵糰中

9 攪拌
以中速攪拌,大約 2 至 3 分鐘。

10 拉出一小塊麵糰,測試一下是否可以拉出薄膜。
若可以成功拉出薄膜,代表麵糰已經完成囉

11 拿起麵糰

分割與整形

12 分割
先切條,再分塊。
帶蓋吐司作法
180 克麵糰 3 份。搓揉成圓球狀。
圓頂吐司作法
135 克麵糰 4 份。搓揉成麵包捲狀。詳細作法參考 P23、24

13 冷凍
將麵糰冷凍 10 分鐘。

14 整形
帶蓋吐司作法
將麵糰以桿麵棍桿長後翻面,捲成長條狀再輕輕凹折成 U 字型。三塊麵糰以一正一反,放置於吐司模中。
圓頂吐司作法
將麵糰以桿麵棍桿長後翻面,捲成小卷,讓麵糰沾上麵粉再置入吐司模中。整形的詳細作法參考 P25、26

發酵、烘烤與出爐

15 發酵
常溫約三小時,一定要達到九分高才可以開始烤。

16 烘烤
帶蓋吐司烘烤 ⏰ 35 分鐘:上火 210 度／下火 230 度。
圓頂吐司烘烤 ⏰ 32 分鐘:上火 160 度／下火 230 度。

17 出爐

Soy Milk Toast

豆奶吐司

營養滿點的豆奶吐司

越嚼越香的高營養吐司。

材料

中筋麵粉	1000 克
糖	100 克
鹽	12 克
乾酵母	10 克
冰塊	200 克
水	170 克
無糖豆漿 （不限品牌）	300 克
奶油	80 克
麵糰總重	1782 克

麵糰製作

1 備料

將中筋麵粉、糖、鹽、酵母等乾性材料一起放入攪拌缸。

2 攪拌

慢速攪拌約十秒鐘，讓材料充分混合。

3 加入濕性材料

將冰塊先加入，再將水及無糖豆漿慢慢加入。

4 攪拌

以慢速拌慢，攪至冰塊完全融化。

5 檢視

把攪拌缸側邊攪拌不到的水分以刮刀刮下，讓材料攪拌一致。

6 攪拌

開中速攪拌 3 至 4 分鐘。

7 加入奶油

8 攪拌

繼續以慢速攪拌 3 至 4 鐘。

✍ 這時麵糰裡都看不到奶油了，但攪拌棒與攪拌缸的側邊都會沾上殘餘奶油，利用刮刀將奶油刮入麵糰中

9 攪拌

以中速攪拌，大約 2 至 3 分鐘。

10 拉出一小塊麵糰，測試一下是否可以拉出薄膜。

✍ 若可以成功拉出薄膜，代表麵糰已經完成囉

11 拿起麵糰

分割與整形

12 分割

先切條，再分塊。

帶蓋吐司作法

180 克麵糰 3 份。搓揉成圓球狀。

圓頂吐司作法

135 克麵糰 4 份。搓揉成麵包捲狀。詳細作法參考 P23、24

13 冷凍

將麵糰冷凍 10 分鐘。

14 整形

帶蓋吐司作法

將麵糰以桿麵棍桿長後翻面，捲成長條狀再輕輕凹折成 U 字型。三塊麵糰以一正一反，放置於吐司模中。

圓頂吐司作法

將麵糰以桿麵棍桿長後翻面，捲成小卷，讓麵糰沾上麵粉再置入吐司模中。整形的詳細作法參考 P25、26

發酵、烘烤與出爐

15 發酵

常溫約三小時，一定要達到九分高才可以開始烤。

16 烘烤

帶蓋吐司烘烤 ⏰ 35 分鐘：上火 210 度／下火 230 度。
圓頂吐司烘烤 ⏰ 32 分鐘：上火 160 度／下火 230 度。

17 出爐

Yogurt Toast

優格吐司

柔軟綿密的優格
吐司

在麵團中加入優格，讓原本綿密的吐司口感更加
柔軟細緻。

中筋麵粉	1000 克
糖	120 克
鹽	12 克
乾酵母	10 克
冰塊	200 克
水	370 克
奶油	80 克
無糖優格	150 克
麵糰總重	1942 克

麵糰製作

1 備料

將中筋麵粉、糖、鹽、酵母、等乾性材料一起放入攪拌缸。

2 攪拌

慢速攪拌約十秒鐘,讓材料充分混合。

3 加入濕性材料

將冰塊先加入,再將冰塊、無糖優格及水慢慢加入。

4 攪拌

以慢速拌慢,攪至冰塊完全融化。

5 檢視

把攪拌缸側邊攪拌不到的水分以刮刀刮下,讓材料攪拌一致。

6 攪拌

開中速攪拌 3 至 4 分鐘。

7 加入奶油

8 攪拌

繼續以慢速攪拌 3 至 4 鐘。

✍ 這時麵糰裡都看不到奶油了,但攪拌棒與攪拌缸的側邊都會沾上殘餘奶油,利用刮刀將奶油刮入麵糰中

9 攪拌

以中速攪拌,大約 2 至 3 分鐘。

10 拉出一小塊麵糰,測試一下是否可以拉出薄膜。

✍ 若可以成功拉出薄膜,代表麵糰已經完成囉

11 拿起麵糰

分割與整形

12 分割

先切條,再分塊。

帶蓋吐司作法

180 克麵糰 3 份。搓揉成圓球狀。

圓頂吐司作法

135 克麵糰 4 份。搓揉成麵包捲狀。詳細作法參考 P23、24

13 冷凍

將麵糰冷凍 10 分鐘。

14 整形

帶蓋吐司作法

將麵糰以桿麵棍桿長後翻面,捲成長條狀再輕輕凹折成 U 字型。三塊麵糰以一正一反,放置於吐司模中。

圓頂吐司作法

將麵糰以桿麵棍桿長後翻面,捲成小卷,讓麵糰沾上麵粉再置入吐司模中。整形的詳細作法參考 P25、26

發酵、烘烤與出爐

15 發酵

常溫約三小時,一定要達到九分高才可以開始烤。

16 烘烤

帶蓋吐司烘烤 ⏰ 35 分鐘:上火 210 度/下火 230 度。
圓頂吐司烘烤 ⏰ 32 分鐘:上火 160 度/下火 230 度。

17 出爐

Coconut Milk Toast

椰奶吐司

有著淡淡椰香的
椰奶吐司

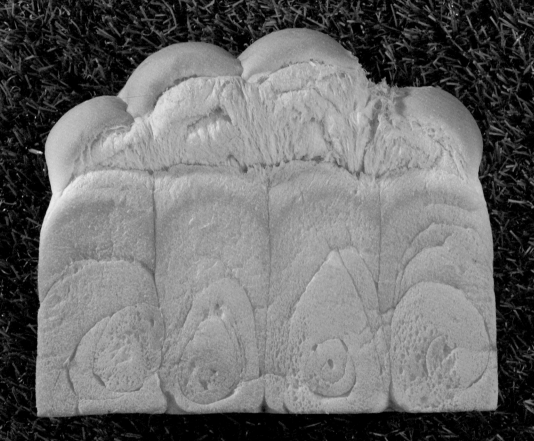

用心咀嚼，越嚼越香的椰奶吐司。

材料

材料	份量
中筋麵粉	1000 克
糖	100 克
鹽	12 克
乾酵母	10 克
冰塊	200 克
水	210 克
奶油	80 克
椰奶	300 克
麵糰總重	1912 克

麵糰製作

1 備料

將中筋麵粉、糖、鹽、酵母等乾性材料一起放入攪拌缸。

2 攪拌

慢速攪拌約十秒鐘,讓材料充分混合。

3 加入濕性材料

將冰塊先加入,再將冰塊、椰奶及水慢慢加入。

4 攪拌

以慢速拌慢,攪至冰塊完全融化。

5 檢視

把攪拌缸側邊攪拌不到的水分以刮刀刮下,讓材料攪拌一致。

6 攪拌

開中速攪拌 3 至 4 分鐘。

7 加入奶油

8 攪拌

繼續以慢速攪拌 3 至 4 鐘。

✐ 這時麵糰裡都看不到奶油了,但攪拌棒與攪拌缸的側邊都會沾上殘餘奶油,利用刮刀將奶油刮入麵糰中

9 攪拌

以中速攪拌,大約 2 至 3 分鐘。

10 拉出一小塊麵糰,測試一下是否可以拉出薄膜。

✐ 若可以成功拉出薄膜,代表麵糰已經完成囉

11 拿起麵糰

分割與整形

12 分割

先切條,再分塊。

帶蓋吐司作法

180 克麵糰 3 份。搓揉成圓球狀。

圓頂吐司作法

135 克麵糰 4 份。搓揉成麵包捲狀。詳細作法參考 P23、24

13 冷凍

將麵糰冷凍 10 分鐘。

14 整形

帶蓋吐司作法

將麵糰以桿麵棍桿長後翻面,捲成長條狀再輕輕凹折成 U 字型。三塊麵糰以一正一反,放置於吐司模中。

圓頂吐司作法

將麵糰以桿麵棍桿長後翻面,捲成小卷,讓麵糰沾上麵粉再置入吐司模中。整形的詳細作法參考 P25、26

發酵、烘烤與出爐

15 發酵

常溫約三小時,一定要達到九分高才可以開始烤。

16 烘烤

帶蓋吐司烘烤 ⏰ 35 分鐘:上火 210 度／下火 230 度。
圓頂吐司烘烤 ⏰ 32 分鐘:上火 160 度／下火 230 度。

17 出爐

Shallot Confit Toast

油蔥酥吐司

創意的油蔥酥
吐司

沒想到油蔥酥也可以拿來做吐司吧，試試看你就
知道不但一點也不奇怪，簡直堪稱絕配。

材料

材料	重量
中筋麵粉	1000 克
糖	50 克
鹽	18 克
乾酵母	10 克
冰塊	200 克
水	450 克
奶油	80 克
油蔥酥	100 克
麵糰總重	1808 克

麵糰製作

1 備料

將中筋麵粉、糖、鹽、酵母等乾性材料一起放入攪拌缸。

2 攪拌

慢速攪拌約十秒鐘,讓材料充分混合。

3 加入濕性材料

將冰塊先加入,再將水慢慢加入後,再加入油蔥酥。

4 攪拌

以慢速拌慢,攪至冰塊完全融化。

5 檢視

把攪拌缸側邊攪拌不到的水分以刮刀刮下,讓材料攪拌一致。

6 攪拌

開中速攪拌 3 至 4 分鐘。

7 加入奶油

8 攪拌

繼續以慢速攪拌 3 至 4 鐘。

🖋 這時麵糰裡都看不到奶油了,但攪拌棒與攪拌缸的側邊都會沾上殘餘奶油,利用刮刀將奶油刮入麵糰中

9 攪拌

以中速攪拌,大約 2 至 3 分鐘。

10 拉出一小塊麵糰,測試一下是否可以拉出薄膜。

🖋 若可以成功拉出薄膜,代表麵糰已經完成囉

11 拿起麵糰

分割與整形

12 分割

先切條,再分塊。

帶蓋吐司作法

180 克麵糰 3 份。搓揉成圓球狀。

圓頂吐司作法

135 克麵糰 4 份。搓揉成麵包捲狀。詳細作法參考 P23、24

13 冷凍

將麵糰冷凍 10 分鐘。

14 整形

帶蓋吐司作法

將麵糰以桿麵棍桿長後翻面,捲成長條狀再輕輕凹折成 U 字型。三塊麵糰以一正一反,放置於吐司模中。

圓頂吐司作法

將麵糰以桿麵棍桿長後翻面,捲成小卷,讓麵糰沾上麵粉再置入吐司模中。整形的詳細作法參考 P25、26

發酵、烘烤與出爐

15 發酵

常溫約三小時,一定要達到九分高才可以開始烤。

16 烘烤

帶蓋吐司烘烤 ⏰ 35 分鐘:上火 210 度/下火 230 度。
圓頂吐司烘烤 ⏰ 32 分鐘:上火 160 度/下火 230 度。

17 出爐

第二部

養身吐司

從常見食材、適合小朋友或老人的種類、養生用料、以及許多你意想不到的創意吐司。健康，當然也可以很好吃。

01 紫蔬吐司　　**05** 波蜜吐司　　**09** 海帶芽吐司

02 花椰菜吐司　**06** 紫薯吐司　　**10** 海苔吐司

03 南瓜牛奶吐司　**07** 枸杞吐司

04 翡翠地瓜吐司　**08** 黑芝麻吐司

Red Cabbage Toast

紫蔬吐司

**色彩繽紛，
口齒間存在蔬菜香**

視覺上討喜口味卻偏苦的紫色高麗菜，一直都不是讓人會主動購買的食材，但他不但美麗且營養價值高。做成紫蔬吐司不但去除了苦味，還留下了蔬菜香。

材料

主麵糰

中筋麵粉	1000 克
糖	50 克
鹽	20 克
乾酵母	10 克
冰塊	200 克
水	450 克
奶油	80 克
紫蔬碎	150 克
麵糰總重	1960 克

❶ point

紫色生菜要洗淨、甩乾切碎，越碎越好，蔬菜香味較容易散發。

製作準備

1 備料

將中筋麵粉、糖、鹽、酵母等乾性材料一起放入攪拌缸。

⌄

2 攪拌

慢速攪拌約十秒鐘，讓材料充分混合。

小胖老師提醒 若用中速或高速攪拌，麵粉會噴飛

3 加入濕性材料

將冰塊先加入水中，從攪拌缸的旁邊慢慢加入。將紫蔬碎加入攪拌。

⌄

4 攪拌

以慢速拌慢，攪至冰塊完全融化。

5 檢視

把攪拌缸側邊攪拌不到的水分以刮刀刮下,讓材料攪拌一致。

✎ 此時麵糰看起來表面有點粗糙

7 加入奶油

9 攪拌

以中速攪拌,大約 2 至 3 分鐘。

✎ 以眼睛判斷,直到麵糰表面光滑為止

6 攪拌

開中速攪拌 3 至 4 鐘。

小胖老師提醒 由於每一台攪拌機的力道各不相同,要用肉眼判斷,需攪拌至麵糰表面光滑(與步驟 5 有明顯不同),才能進行下一階段。

8 攪拌

繼續以慢速攪拌 3 至 4 鐘。

✎ 這時麵糰裡都看不到奶油了,但攪拌棒與攪拌缸的側邊都會沾上殘餘奶油,利用刮刀將奶油刮入麵糰中

10 拉出一小塊麵糰,測試一下是否可以拉出薄膜

✎ 若可以成功拉出薄膜,代表麵糰已經完成囉

11　拿起麵糰

[小胖老師提醒] 可以滴入三四滴沙拉油至麵糰表面上，再開動攪拌機稍微攪個兩三圈（不要攪太久，不然油會再次滲進麵糰中），接著，用單手從攪拌棒的上方順著攪拌棒往下推到缸底後，就可以一口氣將麵糰完整取出，不會殘留。

12　分割

先切條，再分塊。

✎ 盡量切成圓型或四方形，邊切邊秤重。

180 克麵糰 3 份。

拿起麵糰輕輕搓揉，使之表面光滑，不需要特別使力

✎ 麵糰直徑約為 8 公分。

小技巧

1. **噴油**：麵糰剛取出時，表面會沾黏，為了方便分切，可在表面噴點油
2. **塑膠桿麵棍**：建議使用**塑膠桿**麵棍。木頭桿麵棍有毛細孔，在桿製過程中容易產生沾黏，塑膠桿麵棍相對好用。

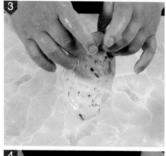

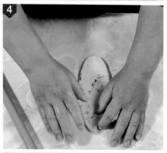

135 **克麵糰** 4 份。

用桿麵棍將麵糰桿長後整面翻面，再從尾端把麵糰輕輕捲回來，完成一捲

✎ 寬度大約 11 公分。

建議每一條麵糰長度一致，長度不夠的可以用手輕輕把麵糰再滾長一點。

小胖老師提醒　用桿麵棍將麵糰桿長，把多餘的空氣都桿壓出麵糰，這是口感綿密的小祕訣。

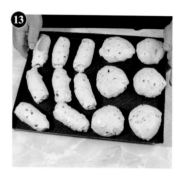

13 冷凍

將麵糰冷凍 10 分鐘。此舉可提高麵糰的可塑性，也能降低麵糰黏手感。但若冰太久會太硬，不容易桿開。

✎ 若真的冰太久，可室溫退冰

14 整形

從冷凍庫取出後，先噴上一點油以方便操作。

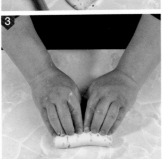

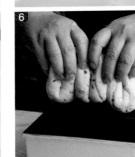

將其中一塊麵糰取出，用桿麵棍桿長

☞ 寬 13 公分／長 30 公分

後翻面，用手輕輕捲起成長條狀

☞ 寬度約 18 公分

輕輕凹折成 U 字型。

三塊麵糰以一正一反，先平置於桌面，接著雙手十指張開，從正上方垂直往下，力道平均抓起三塊麵糰，再放置於吐司模中。可以手指指背輕壓塑形。

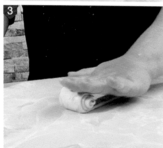

麵糰底部朝上斜放,大約與身體 45 度角。

桿麵棍先從麵糰三分之一處下棍,接著朝向身體往下桿,完成後一手拉著麵糰前端,另一手將桿麵棍輕輕往前推。此舉是要把空氣完全擠出

✎ 四個麵糰的力道盡量控制一致,避免吐司大小不一

此時麵糰長度大約 40 公分,完成後,再從麵糰前端開始,把麵糰輕輕捲回。

小技巧

放進吐司模前,將第一塊麵糰的側邊沾點麵粉,接著放入吐司模。將沒有沾麵粉的那側靠著吐司模,有沾麵粉的那側,將與第二塊麵糰接觸。在第二塊麵糰兩側都沾上麵粉,讓沾粉的那一側與下一塊麵糰接觸。

由於四個麵糰在發酵或膨脹的過程中會互相拉扯,造成圓頂吐司會高低大小不一致,若讓麵糰的接觸面都沾上麵粉,即可降低麵糰黏著的狀況,在膨脹過程中大小就會一致了。

15 發酵

蓋上蓋子後進行發酵，一定要達到九分高才可以開始烤

🌾 常溫約三小時，會依據季節及室內溫度影響發酵時間

⌄

16 烘烤

帶蓋吐司：上火 210 度／下火 230 度。烤 35 分鐘。

圓頂吐司：上火 160 度／下火 230 度。烤 32 分鐘。

17 出爐

小技巧

離開烤箱請盡快脫模，以避免吐司回縮。

Broccoli Toast

花椰菜吐司

用超級蔬菜打造的
超級吐司

綠花椰菜是包含了多元營養素的超級蔬菜，更被列為十字花科之王。維生素 C 含量是檸檬的 2 倍！而豐富的鈣質與纖維能防止骨質疏鬆、對抗便秘，鐵質含量更居蔬菜之冠，做成吐司去除了青草味，但見美麗的綠斑點點綴其中。

材料

主麵糰

中筋麵粉	1000 克
糖	50 克
鹽	18 克
乾酵母	10 克
冰塊	200 克
水	490 克
奶油	60 克
綠花椰菜碎	200 克
麵糰總重	2028 克

❗ point

綠色花椰菜只取頭部綠花部分，切成小朵，但不用太碎，之後打麵糰時都會打碎。梗較硬，要另外切越小塊越好後，再放入攪拌機攪拌。

製作準備

1 備料

將中筋麵粉、糖、鹽、酵母等乾性材料一起放入攪拌缸。

⌄

2 攪拌

慢速攪拌約十秒鐘，讓材料充分混合。

小胖老師提醒　若用中速或高速攪拌，麵粉會噴飛

3 加入濕性材料

將冰塊先加入水中，從攪拌缸的旁邊慢慢加入。再將綠花椰菜碎加入攪拌。

⌄

4 攪拌

以慢速拌慢，攪至冰塊完全融化。

5 檢視

把攪拌缸側邊攪拌不到的水分以刮刀刮下,讓材料攪拌一致。

✎ 此時麵糰看起來表面有點粗糙

7 加入奶油

9 攪拌

以中速攪拌,大約 2 至 3 分鐘。

✎ 以眼睛判斷,直到麵糰表面光滑為止

6 攪拌

開中速攪拌 3 至 4 鐘。

小胖老師提醒 由於每一台攪拌機的力道各不相同,要用肉眼判斷,需攪拌至麵糰表面光滑(與步驟 5 有明顯不同),才能進行下一階段。

8 攪拌

繼續以慢速攪拌 3 至 4 鐘。

✎ 這時麵糰裡都看不到奶油了,但攪拌棒與攪拌缸的側邊都會沾上殘餘奶油,利用刮刀將奶油刮入麵糰中

10 拉出一小塊麵糰,測試一下是否可以拉出薄膜

✎ 若可以成功拉出薄膜,代表麵糰已經完成囉

11 拿起麵糰

小胖老師提醒 可以滴入三四滴沙拉油至麵糰表面上，再開動攪拌機稍微攪個兩三圈（不要攪太久，不然油會再次滲進麵糰中），接著，用單手從攪拌棒的上方順著攪拌棒往下推到缸底後，就可以一口氣將麵糰完整取出，不會殘留。

12 分割

先切條，再分塊。

✎ 盡量切成圓型或四方形，邊切邊秤重

180 克麵糰 3 份。

拿起麵糰輕輕搓揉，使之表面光滑，不需要特別使力

✎ 麵糰直徑約為 8 公分

小技巧

1. **噴油**：麵糰剛取出時，表面會沾黏，為了方便分切，可在表面噴點油
2. **塑膠桿麵棍**：建議使用**塑膠桿**麵棍。木頭桿麵棍有毛細孔，在桿製過程中容易產生沾黏，塑膠桿麵棍相對好用。

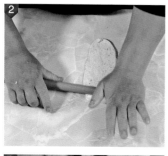

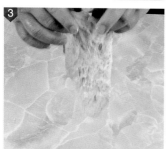

135 **克麵糰** 4 份。

用桿麵棍將麵糰桿長後整面翻面,再從尾端把麵糰輕輕捲回來,完成一捲

❡ 寬度大約 11 公分。

建議每一條麵糰長度一致,長度不夠的可以用手輕輕把麵糰再滾長一點。

小胖老師提醒 用桿麵棍將麵糰桿長,把多餘的空氣都桿壓出麵糰,這是口感綿密的小祕訣。

13 冷凍

將麵糰冷凍 10 分鐘。此舉可提高麵糰的可塑性,也能降低麵糰黏手感。但若冰太久會太硬,不容易桿開。

❡ 若真的冰太久,可室溫退冰

14 整形

從冷凍庫取出後,先噴上一點油以方便操作。

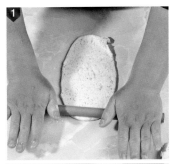

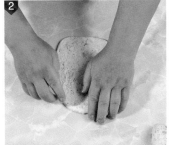

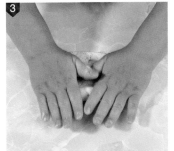

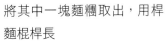

將其中一塊麵糰取出，用桿麵棍桿長

🌾 寬 13 公分／長 30 公分

後翻面，用手輕輕捲起成長條狀

🌾 寬度約 18 公分

輕輕凹折成 U 字型。

三塊麵糰以一正一反，先平置於桌面，接著雙手十指張開，從正上方垂直往下，力道平均抓起三塊麵糰，再放置於吐司模中。可以手指指背輕壓塑形。

麵糰底部朝上斜放，大約與身體 45 度角。

桿麵棍先從麵糰三分之一處下棍，接著朝向身體往下桿，完成後一手拉著麵糰前端，另一手將桿麵棍輕輕往前推。此舉是要把空氣完全擠出

✎ 四個麵糰的力道盡量控制一致，避免吐司大小不一

此時麵糰長度大約 40 公分，完成後，再從麵糰前端開始，把麵糰輕輕捲回。

小技巧

放進吐司模前，將第一塊麵糰的側邊沾點麵粉，接著放入吐司模。將沒有沾麵粉的那側靠著吐司模，有沾麵粉的那側，將與第二塊麵糰接觸。在第二塊麵糰兩側都沾上麵粉，讓沾粉的那一側與下一塊麵糰接觸。

由於四個麵糰在發酵或膨脹的過程中會互相拉扯，造成圓頂吐司會高低大小不一致，若讓麵糰的接觸面都沾上麵粉，即可降低麵糰黏著的狀況，在膨脹過程中大小就會一致了。

15 發酵

蓋上蓋子後進行發酵，一定
要達到九分高才可以開始烤

✍ 常溫約三小時，會依據季節
及室內溫度影響發酵時間

17 出爐

小技巧

離開烤箱請盡快脫模，以
避免吐司回縮。

16 烘烤

帶蓋吐司：上火 210 度／下
火 230 度。烤 35 分鐘。
圓頂吐司：上火 160 度／下
火 230 度。烤 32 分鐘。

小胖老師提醒 由於每台烤箱的
溫度皆有些微落差，視個人的
烤箱情況而定。一般烤箱底火
溫度約在 210 ～ 240 度之間。

Pumpkin Toast

南瓜牛奶吐司

色澤飽滿的營養吐司

南瓜果肉顏色亮麗討喜,熱量不高,營養價值卻極高,富含鉀、鈣、鎂、磷等多種礦物質及維生素、胡蘿蔔素等,而且纖維高,可控制血糖、增強免疫力以及預防前列腺癌。

材料

中筋麵粉	1000 克
糖	100 克
鹽	12 克
乾酵母	10 克
冰塊	200 克
全脂牛奶	400 克
奶油	50 克
南瓜絲	150 克
黑芝麻粒 （生熟不限）	10 克
麵糰總重	1932 克

❶ point

1. 使用全脂牛奶烤出來的吐司較香軟
2. 南瓜洗淨去籽切絲即可，不需要削皮

麵糰製作

1 備料

將中筋麵粉、糖、鹽、酵母、黑芝麻粒等乾性材料一起放入攪拌缸。

2 攪拌

慢速攪拌約十秒鐘，讓材料充分混合。

3 加入濕性材料

先將牛奶加入接著加入冰塊，之後將奶油及南瓜絲一起加入。

> 小胖老師提醒　若 1000 克麵粉搭配 50 克以下的油脂，油脂可與濕料同時攪拌。油脂率較高會影響麵筋的形成，故超過 50 克需分開攪拌。

4 攪拌

以慢速拌慢，攪至冰塊完全融化。

5 檢視

把攪拌缸側邊攪拌不到的水分以刮刀刮下，讓材料攪拌一致。

6 攪拌

開中速攪拌 3 至 4 分鐘。

7 攪拌

繼續以慢速攪拌 3 至 4 鐘。

> 這時麵糰裡都看不到奶油了，但攪拌棒與攪拌缸的側邊都會沾上殘餘奶油，利用刮刀將奶油刮入麵糰中

8 攪拌

以中速攪拌，大約 2 至 3 分鐘。

9 拉出一小塊麵糰，測試一下是否可以拉出薄膜

> 若可以成功拉出薄膜，代表麵糰已經完成囉

10 拿起麵糰

分割與整形

11 分割

先切條，再分塊。

帶蓋吐司作法

180 克麵糰 3 份。搓揉成圓球狀。

圓頂吐司作法

135 克麵糰 4 份。搓揉成麵包捲狀。詳細作法參考 P51、52

12 冷凍

將麵糰冷凍 10 分鐘。

13 整形

帶蓋吐司作法

將麵糰以桿麵棍桿長後翻面，捲成長條狀再輕輕凹折成 U 字型。三塊麵糰以一正一反，放置於吐司模中。

圓頂吐司作法

將麵糰以桿麵棍桿長後翻面，捲成小卷，讓麵糰沾上麵粉再置入吐司模中。整形的詳細作法參考 P53、54

發酵、烘烤與出爐

14 發酵

常溫約三小時，一定要達到九分高才可以開始烤。

15 烘烤

帶蓋吐司烘烤 ⏰ 35 分鐘：上火 210 度／下火 230 度。
圓頂吐司烘烤 ⏰ 32 分鐘：上火 160 度／下火 230 度。

16 出爐

Sweet Potato Toast

翡翠地瓜吐司

顏色美麗的親子吐司

用地瓜葉與地瓜作為吐司材料，恰好做出親子吐司。地瓜及地瓜葉不只高纖，更富含各式礦物質，可達到護眼及抗氧化的功效。

中筋麵粉	1000 克
糖	80 克
鹽	12 克
乾酵母	10 克
冰塊	200 克
水	420 克
地瓜葉	70 克
地瓜絲	100 克
奶油	50 克
麵糰總重	1942 克

❶ point

地瓜葉去梗，只取葉使用

麵糰製作

1 備料

將中筋麵粉、糖、鹽、酵母、等乾性材料一起放入攪拌缸。

2 攪拌

慢速攪拌約十秒鐘，讓材料充分混合。

3 加入濕性材料

先將地瓜葉及地瓜絲加入，接著加入冰塊與水，再將奶油一同加入。

小胖老師提醒 若 1000 克麵粉搭配 50 克以下的油脂，油脂可與濕料同時攪拌。油脂率較高會影響麵筋的形成，故超過 50 克需分開攪拌。

4 攪拌

以慢速拌慢，攪至冰塊完全融化。

5 檢視

把攪拌缸側邊攪拌不到的水分以刮刀刮下，讓材料攪拌一致。

6 攪拌

開中速攪拌 3 至 4 分鐘。

7 攪拌

繼續以慢速攪拌 3 至 4 鐘。

✎ 這時麵糰裡都看不到奶油了，但攪拌棒與攪拌缸的側邊都會沾上殘餘奶油，利用刮刀將奶油刮入麵糰中

8 攪拌

以中速攪拌，大約 2 至 3 分鐘。

9 拉出一小塊麵糰，測試一下是否可以拉出薄膜

✎ 若可以成功拉出薄膜，代表麵糰已經完成囉

10 拿起麵糰

分割與整形

11 分割

先切條，再分塊。

帶蓋吐司作法

180 克麵糰 3 份。搓揉成圓球狀。

圓頂吐司作法

135 克麵糰 4 份。搓揉成麵包捲狀。詳細作法參考 P51、52

12 冷凍

將麵糰冷凍 10 分鐘。

13 整形

帶蓋吐司作法

將麵糰以桿麵棍桿長後翻面，捲成長條狀再輕輕凹折成 U 字型。三塊麵糰以一正一反，放置於吐司模中。

圓頂吐司作法

將麵糰以桿麵棍桿長後翻面，捲成小卷，讓麵糰沾上麵粉再置入吐司模中。整形的詳細作法參考 P53、54

發酵、烘烤與出爐

14 發酵

常溫約三小時，一定要達到九分高才可以開始烤。

15 烘烤

帶蓋吐司烘烤 ⏰ 35 分鐘：上火 210 度／下火 230 度。
圓頂吐司烘烤 ⏰ 32 分鐘：上火 160 度／下火 230 度。

16 出爐

Carrot Toast

波蜜吐司

創意十足的果菜汁吐司

以常見的果菜汁及蜂蜜，中和了紅蘿蔔獨有的青草味，是營養及創意都滿分的可口吐司。

中筋麵粉	1000 克
鹽	12 克
乾酵母	10 克
冰塊	200 克
水	140 克
蜂蜜	50 克
波蜜果菜汁	300 克
奶油	80 克
紅蘿蔔絲	100 克
麵糰總重	1892 克

❶ point

1. 蜂蜜不限品牌或種類
2. 生紅蘿蔔直接刨絲即可，可保有食材的口感

麵糰製作

1 備料

將中筋麵粉、鹽、酵母等乾性材料一起放入攪拌缸。

2 攪拌

慢速攪拌約十秒鐘，讓材料充分混合。

3 加入濕性材料

先將紅蘿蔔絲加入，再加入波蜜果菜汁。接著加入冰塊，蜂蜜先跟水混和均勻後再慢慢加入攪拌盆中。

4 攪拌

以慢速拌慢，攪至冰塊完全融化。

5 檢視

把攪拌缸側邊攪拌不到的水分以刮刀刮下，讓材料攪拌一致。

6 攪拌

開中速攪拌 3 至 4 分鐘。

7 加入奶油

8 攪拌

繼續以慢速攪拌 3 至 4 鐘。

🖊 這時麵糰裡都看不到奶油了，但攪拌棒與攪拌缸的側邊都會沾上殘餘奶油，利用刮刀將奶油刮入麵糰中

9 攪拌

以中速攪拌，大約 2 至 3 分鐘。

10 拉出一小塊麵糰，測試一下是否可以拉出薄膜

🖊 若可以成功拉出薄膜，代表麵糰已經完成囉

11 拿起麵糰

分割與整形

12 分割

先切條，再分塊。

帶蓋吐司作法

180 克麵糰 3 份。搓揉成圓球狀。

圓頂吐司作法

135 克麵糰 4 份。搓揉成麵包捲狀。詳細作法參考 P51、52

13 冷凍

將麵糰冷凍 10 分鐘。

14 整形

帶蓋吐司作法

將麵糰以桿麵棍桿長後翻面，捲成長條狀再輕輕凹折成 U 字型。三塊麵糰以一正一反，放置於吐司模中。

圓頂吐司作法

將麵糰以桿麵棍桿長後翻面，捲成小卷，讓麵糰沾上麵粉再置入吐司模中。整形的詳細作法參考 P53、54

發酵、烘烤與出爐

15 發酵

常溫約三小時，一定要達到九分高才可以開始烤。

16 烘烤

帶蓋吐司烘烤 ⏰ 35 分鐘：上火 210 度／下火 230 度。
圓頂吐司烘烤 ⏰ 32 分鐘：上火 160 度／下火 230 度。

17 出爐

Purple Yam Toast

紫薯吐司

色彩可口的紫薯
吐司

蘊含豐富花青素的紫薯，是最天然的抗氧化劑，
其升糖指數及熱量也不高，連糖尿病患者都適合
食用，作為吐司原料色彩繽紛又健康。

材料

材料	重量
中筋麵粉	1000 克
糖	100 克
鹽	12 克
乾酵母	10 克
冰塊	200 克
水	420 克
奶油	80 克
紫薯絲 （去皮後刨成絲）	150 克
麵糰總重	1972 克

麵糰製作

1 備料

將中筋麵粉、糖、鹽、酵母等乾性材料一起放入攪拌缸。

2 攪拌

慢速攪拌約十秒鐘，讓材料充分混合。

3 加入濕性材料

將冰塊先加入，再將冰塊及水慢慢加入，最後再加入紫薯絲。

4 攪拌

以慢速拌慢，攪至冰塊完全融化。

5 檢視

把攪拌缸側邊攪拌不到的水分以刮刀刮下，讓材料攪拌一致。

6 攪拌

開中速攪拌 3 至 4 分鐘。

7 加入奶油

8 攪拌

繼續以慢速攪拌 3 至 4 鐘。

✍ 這時麵糰裡都看不到奶油了，但攪拌棒與攪拌缸的側邊都會沾上殘餘奶油，利用刮刀將奶油刮入麵糰中

9 攪拌

以中速攪拌，大約 2 至 3 分鐘。

10 拉出一小塊麵糰，測試一下是否可以拉出薄膜

✍ 若可以成功拉出薄膜，代表麵糰已經完成囉

11 拿起麵糰

分割與整形

12 分割

先切條，再分塊。

帶蓋吐司作法

180 克麵糰 3 份。搓揉成圓球狀。

圓頂吐司作法

135 克麵糰 4 份。搓揉成麵包捲狀。詳細作法參考 P51、52

13 冷凍

將麵糰冷凍 10 分鐘。

14 整形

帶蓋吐司作法

將麵糰以桿麵棍桿長後翻面，捲成長條狀再輕輕凹折成 U 字型。三塊麵糰以一正一反，放置於吐司模中。

圓頂吐司作法

將麵糰以桿麵棍桿長後翻面，捲成小卷，讓麵糰沾上麵粉再置入吐司模中。整形的詳細作法參考 P53、54

發酵、烘烤與出爐

15 發酵

常溫約三小時，一定要達到九分高才可以開始烤。

16 烘烤

帶蓋吐司烘烤 ⏰ 35 分鐘：上火 210 度／下火 230 度。
圓頂吐司烘烤 ⏰ 32 分鐘：上火 160 度／下火 230 度。

17 出爐

Lycium Toast

枸杞吐司

營養好吃的護目
吐司

枸杞富含的胡蘿蔔素,其含量是紅蘿蔔的五倍。
不只對眼睛好,枸杞可抑制肝臟脂肪堆積,達到
護肝功效,其中富含的玉米黃素,可保護眼睛黃
斑部、水晶體等,以及預防飛蚊症。

中筋麵粉	1000 克
糖	70 克
鹽	15 克
乾酵母	10 克
冰塊	200 克
水	450 克
枸杞	70 克
黑芝麻粒 （生熟不限）	10 克
奶油	60 克
麵糰總重	1885 克

❶ point

枸杞洗淨後泡水約 20 至 30 分鐘，泡軟後晾乾，用乾淨的布將水分擦乾後才可以加入麵糰攪拌。

麵糰製作

1 備料

將中筋麵粉、糖、鹽、酵母、黑芝麻粒等乾性材料一起放入攪拌缸。

2 攪拌

慢速攪拌約十秒鐘，讓材料充分混合。

3 加入濕性材料

將冰塊先加入，再將冰塊及水慢慢加入，最後再加入枸杞。

4 攪拌

以慢速拌慢，攪至冰塊完全融化。

5 檢視

把攪拌缸側邊攪拌不到的水分以刮刀刮下，讓材料攪拌一致。

6 攪拌

開中速攪拌 3 至 4 分鐘。

7 加入奶油

8 攪拌

繼續以慢速攪拌 3 至 4 鐘。

✎ 這時麵糰裡都看不到奶油了，但攪拌棒與攪拌缸的側邊都會沾上殘餘奶油，利用刮刀將奶油刮入麵糰中

9 攪拌

以中速攪拌，大約 2 至 3 分鐘。

10 拉出一小塊麵糰，測試一下是否可以拉出薄膜

✎ 若可以成功拉出薄膜，代表麵糰已經完成囉

11 拿起麵糰

分割與整形

12 分割

先切條，再分塊。

帶蓋吐司作法

180 克麵糰 3 份。搓揉成圓球狀。

圓頂吐司作法

135 克麵糰 4 份。搓揉成麵包捲狀。詳細作法參考 P51、52

13 冷凍

將麵糰冷凍 10 分鐘。

14 整形

帶蓋吐司作法

將麵糰以桿麵棍桿長後翻面，捲成長條狀再輕輕凹折成 U 字型。三塊麵糰以一正一反，放置於吐司模中。

圓頂吐司作法

將麵糰以桿麵棍桿長後翻面，捲成小卷，讓麵糰沾上麵粉再置入吐司模中。整形的詳細作法參考 P53、54

發酵、烘烤與出爐

15 發酵

常溫約三小時，一定要達到九分高才可以開始烤。

16 烘烤

帶蓋吐司烘烤 ⏰ 35 分鐘：上火 210 度／下火 230 度。
圓頂吐司烘烤 ⏰ 32 分鐘：上火 160 度／下火 230 度。

17 出爐

Sesame Toast

黑芝麻吐司

完勝一堆補藥的
黑芝麻吐司

黑芝麻性味甘、平,具有滋養肝腎、養血潤燥的
作用。含有豐富的維生素 B 群、E 與鎂、鉀、鋅
及多種微量礦物質。《本草綱目》中記載:「久
服芝麻可以明眼、身輕、不老。」

中筋麵粉	1000 克
糖	80 克
鹽	12 克
乾酵母	10 克
冰塊	200 克
水	460 克
奶油	70 克
黑芝麻粒 （生熟不限）	10 克
黑芝麻粉	70 克
麵糰總重	1912 克

❗ point

黑芝麻要烤過比較香

麵糰製作

1 備料

將中筋麵粉、糖、鹽、酵母、黑芝麻粒、黑芝麻粉等乾性材料一起放入攪拌缸。

2 攪拌

慢速攪拌約十秒鐘，讓材料充分混合。

3 加入濕性材料

加入冰塊及水。

4 攪拌

以慢速拌慢，攪至冰塊完全融化。

5 檢視

把攪拌缸側邊攪拌不到的水分以刮刀刮下，讓材料攪拌一致。

6 攪拌

開中速攪拌 3 至 4 分鐘。

7 加入奶油

8 攪拌

繼續以慢速攪拌 3 至 4 鐘。

🖊 這時麵糰裡都看不到奶油了，但攪拌棒與攪拌缸的側邊都會沾上殘餘奶油，利用刮刀將奶油刮入麵糰中

9 攪拌

以中速攪拌，大約 2 至 3 分鐘。

10 拉出一小塊麵糰，測試一下是否可以拉出薄膜

🖊 若可以成功拉出薄膜，代表麵糰已經完成囉

11 拿起麵糰

分割與整形

12 分割

先切條，再分塊。

帶蓋吐司作法

180 克麵糰 3 份。搓揉成圓球狀。

圓頂吐司作法

135 克麵糰 4 份。搓揉成麵包捲狀。詳細作法參考 P51、52

13 冷凍

將麵糰冷凍 10 分鐘。

14 整形

帶蓋吐司作法

將麵糰以桿麵棍桿長後翻面，捲成長條狀再輕輕凹折成 U 字型。三塊麵糰以一正一反，放置於吐司模中。

圓頂吐司作法

將麵糰以桿麵棍桿長後翻面，捲成小卷，讓麵糰沾上麵粉再置入吐司模中。整形的詳細作法參考 P53、54

發酵、烘烤與出爐

15 發酵

常溫約三小時，一定要達到九分高才可以開始烤。

16 烘烤

帶蓋吐司烘烤 ⏰ 35 分鐘：上火 210 度／下火 230 度。
圓頂吐司烘烤 ⏰ 32 分鐘：上火 160 度／下火 230 度。

17 出爐

Kelp Toast

海帶芽吐司

有海中木耳之稱的
海帶芽吐司

富含膳食纖維的海帶芽能幫助腸胃蠕動，各種礦物質則能提高身體基礎代謝率，協助人體維持電解質及內分泌的平衡。

中筋麵粉	1000 克
糖	70 克
鹽	18 克
乾酵母	10 克
冰塊	200 克
水	600 克
奶油	80 克
海帶芽粉	80 克
（不限品牌）	
麵糰總重	2058 克

❶ point

海帶芽粉可買乾燥海帶芽，用調理機磨成細狀即可

麵糰製作

1 備料

將中筋麵粉、糖、鹽、酵母、海帶芽粉等乾性材料一起放入攪拌缸。

2 攪拌

慢速攪拌約十秒鐘，讓材料充分混合。

3 加入濕性材料

將冰塊先加入，再將冰塊及水慢慢加入。

4 攪拌

以慢速拌慢，攪至冰塊完全融化。

5 檢視

把攪拌缸側邊攪拌不到的水分以刮刀刮下，讓材料攪拌一致。

✍ 海帶芽吸水，若麵糰太硬則需另外加水。一次 30ml，從鍋盆側邊慢慢加入。

6 攪拌

開中速攪拌 3 至 4 分鐘。

7 加入奶油

8 攪拌

繼續以慢速攪拌 3 至 4 鐘。

✍ 這時麵糰裡都看不到奶油了，但攪拌棒與攪拌缸的側邊都會沾上殘餘奶油，利用刮刀將奶油刮入麵糰中

9 攪拌

以中速攪拌，大約 2 至 3 分鐘。

10 拉出一小塊麵糰，測試一下是否可以拉出薄膜

✍ 若可以成功拉出薄膜，代表麵糰已經完成囉

11 拿起麵糰

分割與整形

12 分割

先切條，再分塊。

帶蓋吐司作法

180 克麵糰 3 份。搓揉成圓球狀。

圓頂吐司作法

135 克麵糰 4 份。搓揉成麵包捲狀。詳細作法參考 P51、52

13 冷凍

將麵糰冷凍 10 分鐘。

14 整形

帶蓋吐司作法

將麵糰以桿麵棍桿長後翻面，捲成長條狀再輕輕凹折成 U 字型。三塊麵糰以一正一反，放置於吐司模中。

圓頂吐司作法

將麵糰以桿麵棍桿長後翻面，捲成小卷，讓麵糰沾上麵粉再置入吐司模中。整形的詳細作法參考 P53、54

發酵、烘烤與出爐

15 發酵

常溫約三小時，一定要達到九分高才可以開始烤。

16 烘烤

帶蓋吐司烘烤 ⏰ 35 分鐘：上火 210 度／下火 230 度。
圓頂吐司烘烤 ⏰ 32 分鐘：上火 160 度／下火 230 度。

17 出爐

Seaweed Toast

海苔吐司

大人小孩都喜歡的
海苔吐司

富含微量元素的海苔具有很好的保健效果，尤其是含碘量極高，可治療甲狀腺肥大，多吃無害，好處多多。

材料

中筋麵粉	1000 克
糖	50 克
鹽	18 克
乾酵母	10 克
冰塊	200 克
水	450 克
奶油	80 克
海苔醬	80 克
味島香鬆	15 克
麵糰總重	1903 克

麵糰製作

1 備料

將中筋麵粉、糖、鹽、酵母等乾性材料一起放入攪拌缸。

2 攪拌

慢速攪拌約十秒鐘,讓材料充分混合。

3 加入濕性材料

將海苔醬、味島香鬆加入後,再加入冰塊及水。

4 攪拌

以慢速拌慢,攪至冰塊完全融化。

5 檢視

把攪拌缸側邊攪拌不到的水分以刮刀刮下,讓材料攪拌一致。

6 攪拌

開中速攪拌 3 至 4 分鐘。

7 加入奶油

8 攪拌

繼續以慢速攪拌 3 至 4 鐘。

✐ 這時麵糰裡都看不到奶油了,但攪拌棒與攪拌缸的側邊都會沾上殘餘奶油,利用刮刀將奶油刮入麵糰中

9 攪拌

以中速攪拌,大約 2 至 3 分鐘。

10 拉出一小塊麵糰,測試一下是否可以拉出薄膜

✐ 若可以成功拉出薄膜,代表麵糰已經完成囉

11 拿起麵糰

分割與整形

12 分割

先切條,再分塊。

帶蓋吐司作法

180 克麵糰 3 份。搓揉成圓球狀。

圓頂吐司作法

135 克麵糰 4 份。搓揉成麵包捲狀。詳細作法參考 P51、52

13 冷凍

將麵糰冷凍 10 分鐘。

14 整形

帶蓋吐司作法

將麵糰以桿麵棍桿長後翻面,捲成長條狀再輕輕凹折成 U 字型。三塊麵糰以一正一反,放置於吐司模中。

圓頂吐司作法

將麵糰以桿麵棍桿長後翻面,捲成小卷,讓麵糰沾上麵粉再置入吐司模中。整形的詳細作法參考 P53、54

發酵、烘烤與出爐

15 發酵

常溫約三小時,一定要達到九分高才可以開始烤。

16 烘烤

帶蓋吐司烘烤 ⏰ 35 分鐘:上火 210 度／下火 230 度。
圓頂吐司烘烤 ⏰ 32 分鐘:上火 160 度／下火 230 度。

17 出爐

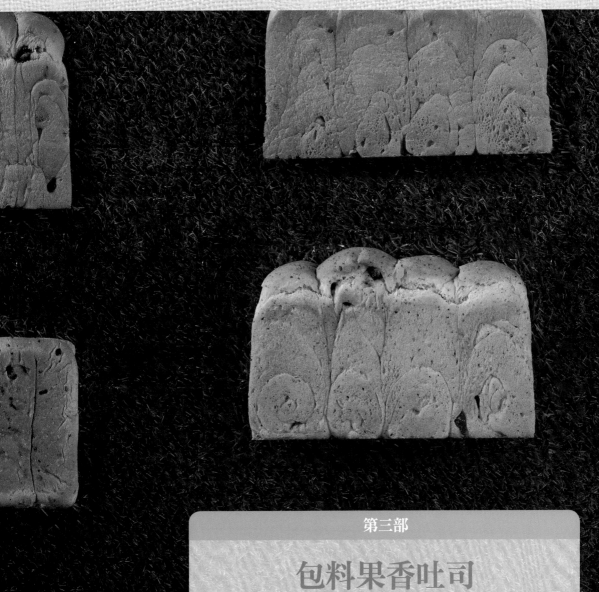

第三部

包料果香吐司

從常見食材、適合小朋友或老人的種類、養生用料、以及許多你意想不到的創意吐司。健康，當然也可以很好吃。

01 波芭吐司   08 芒果吐司   15 綜合穀米吐司

02 蘋果莓莓吐司   09 百香鳳梨吐司   16 楓糖吐司

03 黑糖桂圓吐司   10 綜合水果吐司   17 蜂蜜吐司

04 葡萄吐司   11 紅麴莓果吐司   18 抹茶紅豆吐司

05 黑豆吐司   12 黑米吐司   19 伯爵紅茶吐司

06 藍莓吐司   13 燕麥葡萄吐司   20 巧克力吐司

07 香橙吐司   14 黑糖吐司   21 摩卡咖啡吐司

Guava Toast

波芭吐司

菠菜與芭樂的
完美結合

菠菜可以促進新陳代謝、刺激生長發育，而豐富
的微量元素更可以提高免疫力，而大量的纖維也
可促進腸道蠕動、幫助消化。搭配醃漬過的芭樂
乾，簡直是完美搭配。

材料

主麵糰

中筋麵粉	1000 克
糖	100 克
鹽	12 克
乾酵母	10 克
冰塊	200 克
水	400 克
菠菜葉	70 克
橄欖油	60 克
麵糰總重	1852 克

❶ point

菠菜不要梗，只取其葉，洗淨後甩乾，用菜刀切兩三刀即可，不需要剁碎

餡料

芭樂乾切丁，前一晚先泡酒（酒種類不限，可依個人喜好，全素者可泡水代替）。

每 100 克果乾泡 10 克酒，至少常溫浸泡 10 小時。

- 圓頂吐司準備　80 克
- 帶蓋吐司準備　75 克

製作準備

1　備料

將中筋麵粉、糖、鹽、酵母等乾性材料一起放入攪拌缸。

2　攪拌

慢速攪拌約十秒鐘，讓材料充分混合。

小胖老師提醒　若用中速或高速攪拌，麵粉會噴飛

3　加入濕性材料

先將液態油加入水中後再加入冰塊，一起從攪拌缸的旁邊慢慢加入。再將菠菜加入攪拌。

小胖老師提醒　橄欖油為液態油，一定要先加在水裡攪拌再入麵糰，若直接倒入麵糰將無法均勻混和。

4　攪拌

以慢速拌慢，攪至冰塊完全融化。

5 檢視

把攪拌缸側邊攪拌不到的水分以刮刀刮下,讓材料攪拌一致。

✿ 此時麵糰看起來表面有點粗糙

7 攪拌

繼續以慢速攪拌 3 至 4 分鐘。

9 拉出一小塊麵糰,測試一下是否可以拉出薄膜

✿ 若可以成功拉出薄膜,代表麵糰已經完成囉

6 攪拌

開中速攪拌 3 至 4 鐘。

小胖老師提醒 由於每一台攪拌機的力道各不相同,要用肉眼判斷,需攪拌至麵糰表面光滑(與步驟 5 有明顯不同),才能進行下一階段

8 攪拌

以中速攪拌,大約 2 至 3 分鐘。

✿ 以眼睛判斷,直到麵糰表面光滑為止

10 拿起麵糰

小胖老師提醒 可以滴入三四滴沙拉油至麵糰表面上,再開動攪拌機稍微攪個兩三圈(不要攪太久,不然油會再次滲進麵糰中),接著,用單手從攪拌棒的上方順著攪拌棒往下推到缸底後,就可以一口氣將麵糰完整取出,不會殘留。

11 分割

先切條，再分塊。

🌾 盡量切成圓型或四方形，邊切邊秤重

180 克麵糰 3 份。

拿起麵糰輕輕搓揉，使之表面光滑，不需要特別使力

🌾 麵糰直徑約為 8 公分

小技巧

1. **噴油**：麵糰剛取出時，表面會沾黏，為了方便分切，可在表面噴點油

2. **塑膠桿麵棍**：建議使用**塑膠桿**麵棍。木頭桿麵棍有毛細孔，在桿製過程中容易產生沾黏，塑膠桿麵棍相對好用。

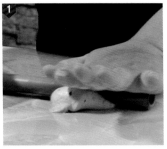

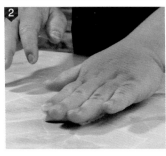

135 克麵糰 4 份。

用桿麵棍將麵糰桿長後整面翻面,再從尾端把麵糰輕輕捲回來,完成一捲

✍ 寬度大約 11 公分

建議每一條麵糰長度一致,長度不夠的可以用手輕輕把麵糰再滾長一點。

小胖老師提醒 用桿麵棍將麵糰趕長,把多餘的空氣都桿壓出麵糰,這是口感綿密的小祕訣。

12 冷凍

將麵糰冷凍 10 分鐘。此舉可提高麵糰的可塑性,也能降低麵糰黏手感。但若冰太久會太硬,不容易桿開。

✍ 若真的冰太久,可室溫退冰

∨

13 整形

從冷凍庫取出後,先噴上一點油以方便操作。

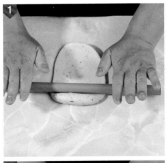

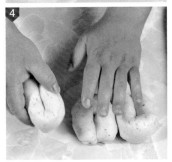

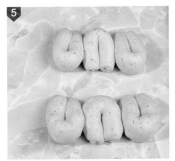

將其中一塊麵糰取出，用桿麵棍桿長。

🌾 寬 13 公分／長 30 公分

後翻面，包入芭樂乾 25 克後，用手輕輕捲起成長條狀

🌾 寬度約 18 公分

輕輕凹折成 U 字型。

三塊麵糰以一正一反，先平置於桌面，接著雙手十指張開，從正上方垂直往下，力道平均抓起三塊麵糰，再放置於吐司模中。可以手指指背輕壓塑形。

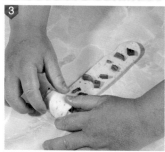

麵糰底部朝上斜放，大約與身體 45 度角。

桿麵棍先從麵糰三分之一處下棍，接著朝向身體往下桿，完成後一手拉著麵糰前端，另一手將桿麵棍輕輕往前推。此舉是要把空氣完全擠出

🌾 四個麵糰的力道盡量控制一致，避免吐司大小不一

此時麵糰長度大約 40 公分，包入芭樂乾 20 克，再從麵糰前端開始，把麵糰輕輕捲回。

小技巧

放進吐司模前，將第一塊麵糰的側邊沾點麵粉，接著放入吐司模。將沒有沾麵粉的那側靠著吐司模，有沾麵粉的那側，將與第二塊麵糰接觸。在第二塊麵糰兩側都沾上麵粉，讓沾粉的那一側與下一塊麵糰接觸。

由於四個麵糰在發酵或膨脹的過程中會互相拉扯，造成圓頂吐司會高低大小不一致，若讓麵糰的接觸面都沾上麵粉，即可降低麵糰黏著的狀況，在膨脹過程中大小就會一致了。

14 發酵

蓋上蓋子後進行發酵，一定
要達到九分高才可以開始烤

🌾 常溫約三小時，會依據季節
及室內溫度影響發酵時間

15 烘烤

帶蓋吐司：上火 210 度／下
火 230 度。烤 🕐 35 分鐘。
圓頂吐司：上火 160 度／下
火 230 度。烤 🕐 32 分鐘。

小胖老師提醒 由於每台烤箱的
溫度皆有些微落差，視個人的
烤箱情況而定。一般烤箱底火
溫度約在 210 ～ 240 度之間。

16 出爐

小技巧

離開烤箱請盡快脫模，以
避免吐司回縮。

Strawberry Toast

蘋果莓莓吐司

蘋果與草莓的
結合，浪漫又
對味

蘋果汁方便又好喝，使用草莓乾不受到季節限制，
一年四季都可以在家做出好吃的蘋果草莓吐司。

材料

主麵糰

中筋麵粉	1000 克
糖	80 克
鹽	12 克
乾酵母	10 克
冰塊	200 克
水	140 克
蘋果汁	300 克
（市售蘋果汁即可）	
奶油	80 克
麵糰總重	1822 克

餡料

草莓乾切小塊，前一晚先
泡萊姆酒。

每 100 克果乾泡 10 克酒，
至少常溫浸泡 10 小時。

● 圓頂吐司準備　80 克
● 帶蓋吐司準備　75 克

製作準備

1　備料

將中筋麵粉、糖、鹽、酵母
等乾性材料一起放入攪拌缸。

3　加入濕性材料

先將冰塊加入水中，與蘋果
汁一起從攪拌缸的旁邊慢慢
加入。

⌄

⌄

2　攪拌

慢速攪拌約十秒鐘，讓材料
充分混合。

小胖老師提醒　若用中速或高速
攪拌，麵粉會噴飛

4　攪拌

以慢速拌慢，攪至冰塊完全
融化。

5 檢視

把攪拌缸側邊攪拌不到的水分以刮刀刮下,讓材料攪拌一致。

✎ 此時麵糰看起來表面有點粗糙

⌄

6 攪拌

開中速攪拌 3 至 4 鐘。

小胖老師提醒 由於每一台攪拌機的力道各不相同,要用肉眼判斷,需攪拌至麵糰表面光滑(與步驟 5 有明顯不同),才能進行下一階段

7 加入奶油

⌄

8 攪拌

繼續以慢速攪拌 3 至 4 鐘。

9 攪拌

以中速攪拌,大約 2 至 3 分鐘。

✎ 以眼睛判斷,直到麵糰表面光滑為止

⌄

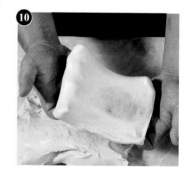

10 拉出一小塊麵糰,測試一下是否可以拉出薄膜

✎ 若可以成功拉出薄膜,代表麵糰已經完成囉

11 拿起麵糰

小胖老師提醒 可以滴入三四滴沙拉油至麵糰表面上,再開動攪拌機稍微攪個兩三圈(不要攪太久,不然油會再次滲進麵糰中),接著,用單手從攪拌棒的上方順著攪拌棒往下推到缸底後,就可以一口氣將麵糰完整取出,不會殘留。

12 分割

先切條,再分塊。

✎ 盡量切成圓型或四方形,邊切邊秤重

小技巧

1. **噴油**:麵糰剛取出時,表面會沾黏,為了方便分切,可在表面噴點油
2. **塑膠桿麵棍**:建議使用**塑膠桿**麵棍。木頭桿麵棍有毛細孔,在桿製過程中容易產生沾黏,塑膠桿麵棍相對好用。

180 克麵糰 3 份。

拿起麵糰輕輕搓揉,使之表面光滑,不需要特別使力

✎ 麵糰直徑約為 8 公分

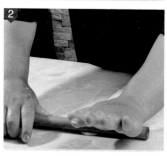

135 克麵糰 4 份。

用桿麵棍將麵糰桿長後整面翻面,再從尾端把麵糰輕輕捲回來,完成一捲

❀ 寬度大約 11 公分

建議每一條麵糰長度一致,長度不夠的可以用手輕輕把麵糰再滾長一點。

小胖老師提醒 用桿麵棍將麵糰桿長,把多餘的空氣都桿壓出麵糰,這是口感綿密的小祕訣。

13 冷凍

將麵糰冷凍 10 分鐘。此舉可提高麵糰的可塑性,也能降低麵糰黏手感。但若冰太久會太硬,不容易桿開。

❀ 若真的冰太久,可室溫退冰

14 整形

從冷凍庫取出後,先噴上一點油以方便操作。

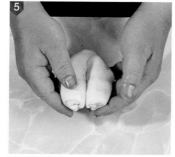

將其中一塊麵糰取出，用桿麵棍桿長

🌾 寬 13 公分／長 30 公分

後翻面，包入草莓乾 25 克，用手輕輕捲起成長條狀

🌾 寬度約 18 公分

輕輕凹折成 U 字型。

三塊麵糰以一正一反，先平置於桌面，接著雙手十指張開，從正上方垂直往下，力道平均抓起三塊麵糰，再放置於吐司模中。可以手指指背輕壓塑形。

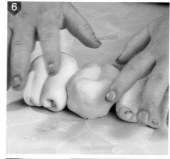

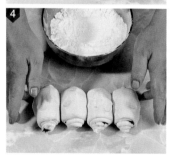

麵糰底部朝上斜放,大約與身體 45 度角。

桿麵棍先從麵糰三分之一處下棍,接著朝向身體往下桿,完成後一手拉著麵糰前端,另一手將桿麵棍輕輕往前推。此舉是要把空氣完全擠出

✎ 四個麵糰的力道盡量控制一致,避免吐司大小不一

此時麵糰長度大約 40 公分,包入草莓乾 20 克,再從麵糰前端開始,把麵糰輕輕捲回。

小技巧

放進吐司模前,將第一塊麵糰的側邊沾點麵粉,接著放入吐司模。將沒有沾麵粉的那側靠著吐司模,有沾麵粉的那側,將與第二塊麵糰接觸。在第二塊麵糰兩側都沾上麵粉,讓沾粉的那一側與下一塊麵糰接觸。

由於四個麵糰在發酵或膨脹的過程中會互相拉扯,造成圓頂吐司會高低大小不一致,若讓麵糰的接觸面都沾上麵粉,即可降低麵糰黏著的狀況,在膨脹過程中大小就會一致了。

15 發酵

蓋上蓋子後進行發酵．一定
要達到九分高才可以開始烤

🌾 常溫約三小時，會依據季節
及室內溫度影響發酵時間

17 出爐

小技巧

離開烤箱請盡快脫模，以
避免吐司回縮。

16 烘烤

帶蓋吐司：上火 210 度／下
火 230 度。烤 ⏰ 35 分鐘。
圓頂吐司：上火 160 度／下
火 230 度。烤 ⏰ 32 分鐘。

小胖老師提醒 由於每台烤箱的
溫度皆有些微落差，視個人的
烤箱情況而定。一般烤箱底火
溫度約在 210 ～ 240 度之間。

Longan Toast

黑糖桂圓吐司

擁有「南桂圓，北人蔘」美譽的桂圓

《本草綱目》記載：「龍眼味甘，開胃健脾，補虛益智」。 桂圓自古以來被視為滋補良藥，具有開胃健脾、養血安神、壯陽益氣、補虛長智的功效。

材料

主麵糰

中筋麵粉	1000 克
黑糖粉	100 克
黑糖蜜	50 克
鹽	12 克
乾酵母	10 克
冰塊	200 克
水	420 克
奶油	70 克
桂圓	250 克
核桃	100 克
麵糰總重	2212 克

⏺ point

250 克桂圓要先泡 30 克酒（種類不限，常溫浸泡一晚），桂圓捏散後再加入核桃，拌勻備用

製作準備

1　備料

將中筋麵粉、黑糖粉、鹽、酵母等乾性材料一起放入攪拌缸。

2　攪拌

慢速攪拌約十秒鐘，讓材料充分混合。

小胖老師提醒　若用中速或高速攪拌，麵粉會噴飛

3　加入濕性材料

將冰塊、黑糖蜜及水從攪拌缸的旁邊慢慢加入。

4　攪拌

以慢速拌慢，攪至冰塊完全融化。

5 檢視

把攪拌缸側邊攪拌不到的水分以刮刀刮下,讓材料攪拌一致。

✎ 此時麵糰看起來表面有點粗糙

7 加入奶油

9 攪拌

拉出一小塊麵糰,測試一下是否可以拉出薄膜

✎ 若可以成功拉出薄膜,代表麵糰已經完成囉

6 攪拌

開中速攪拌 3 至 4 鐘。

小胖老師提醒 由於每一台攪拌機的力道各不相同,要用肉眼判斷,需攪拌至麵糰表面光滑(與步驟 5 有明顯不同),才能進行下一階段

8 攪拌

繼續以慢速攪拌 3 至 4 分鐘後,再以中速攪拌,大約 2 至 3 分鐘。

✎ 以眼睛判斷,直到麵糰表面光滑為止

10

將麵糰整個拿起,把桂圓核桃全數放入攪拌缸中,將麵糰切小塊(約半個拳頭大)分批放入攪拌缸中,稍微攪拌均勻即可。

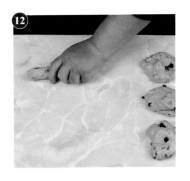

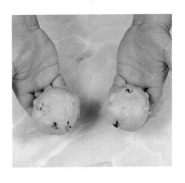

11 拿起麵糰並檢查

若還是不夠均勻，將麵糰取出後，對切成兩半，再上下交疊，重覆數次至均勻即可。

不用擔心此舉會產生斷筋，此時麵糰沒有空氣，斷筋是發生在已發酵完成的麵糰，但這時尚未完成發酵。

12 分割

先切條，再分塊。

✎ 盡量切成圓型或四方形，邊切邊秤重

180 克麵糰 3 份。

拿起麵糰輕輕搓揉，使之表面光滑，不需要特別使力

✎ 麵糰直徑約為 8 公分

小技巧

1. **噴油**：麵糰剛取出時，表面會沾黏，為了方便分切，可在表面噴點油
2. **塑膠桿麵棍**：建議使用**塑膠桿**麵棍。木頭桿麵棍有毛細孔，在桿製過程中容易產生沾黏，塑膠桿麵棍相對好用。

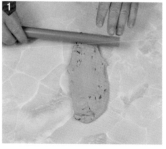

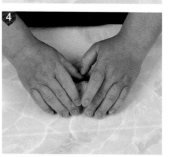

135 克麵糰 4 份。

用桿麵棍將麵糰桿長後整面翻面，再從尾端把麵糰輕輕捲回來，完成一捲

✎ 寬度大約 11 公分

建議每一條麵糰長度一致，長度不夠的可以用手輕輕把麵糰再滾長一點。

小胖老師提醒　用桿麵棍將麵糰桿長，把多餘的空氣都桿壓出麵糰，這是口感綿密的小祕訣。

13 冷凍

將麵糰冷凍 10 分鐘。此舉可提高麵糰的可塑性，也能降低麵糰黏手感。但若冰太久會太硬，不容易桿開。

✎ 若真的冰太久，可室溫退冰

14 整形

從冷凍庫取出後，先噴上一點油以方便操作

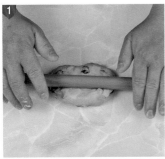

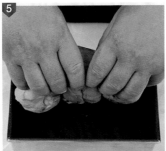

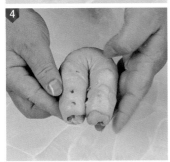

將其中一塊麵糰取出，用桿麵棍桿長

✎ 寬 13 公分／長 30 公分

後翻面，用手輕輕捲起成長條狀

✎ 寬度約 18 公分

輕輕凹折成 U 字型。

三塊麵糰以一正一反，先平置於桌面，接著雙手十指張開，從正上方垂直往下，力道平均抓起三塊麵糰，再放置於吐司模中。可以手指指背輕壓塑形。

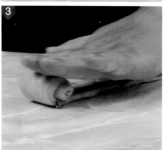

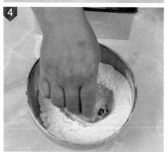

麵糰底部朝上斜放,大約與身體 45 度角。

桿麵棍先從麵糰三分之一處下棍,接著朝向身體往下桿,完成後一手拉著麵糰前端,另一手將桿麵棍輕輕往前推。此舉是要把空氣完全擠出

✐ 四個麵糰的力道盡量控制一致,避免吐司大小不一

此時麵糰長度大約 40 公分,完成後,再從麵糰前端開始,把麵糰輕輕捲回。

小技巧

放進吐司模前,將第一塊麵糰的側邊沾點麵粉,接著放入吐司模。將沒有沾麵粉的那側靠著吐司模,有沾麵粉的那側,將與第二塊麵糰接觸。在第二塊麵糰兩側都沾上麵粉,讓沾粉的那一側與下一塊麵糰接觸。

由於四個麵糰在發酵或膨脹的過程中會互相拉扯,造成圓頂吐司會高低大小不一致,若讓麵糰的接觸面都沾上麵粉,即可降低麵糰黏著的狀況,在膨脹過程中大小就會一致了。

15 發酵

蓋上蓋子後進行發酵，一定要達到九分高才可以開始烤

✐ 常溫約三小時，會依據季節及室內溫度影響發酵時間

16 烘烤

帶蓋吐司：上火 210 度／下火 230 度。烤 🕐 35 分鐘。

圓頂吐司：上火 160 度／下火 230 度。烤 🕐 32 分鐘。

小胖老師提醒 由於每台烤箱的溫度皆有些微落差，視個人的烤箱情況而定。一般烤箱底火溫度約在 210 ～ 240 度之間。

17 出爐

小技巧

離開烤箱請盡快脫模，以避免吐司回縮。

Raisin Toast

葡萄吐司

體積小巧、營養可不少的葡萄乾

葡萄乾中鐵及鈣的含量極高，是兒童、婦女及體弱貧血者的滋補佳品，可補血氣、暖腎，幫助改善貧血症狀。內含多種礦物質和維生素、胺基酸，常吃對於神經衰弱和過度疲勞者有益無害。

主麵糰

中筋麵粉	1000 克
糖	120 克
鹽	12 克
乾酵母	10 克
冰塊	150 克
全脂牛奶	520 克
奶油	80 克
麵糰總重	1892 克

（此麵糰配方同 P20 的鮮奶吐司配方）

餡料

在製作吐司前一天將 100 克果乾與 10 克不限種類的酒，常溫浸泡一晚（至少 10 小時）後備用。

- 圓頂吐司準備　80 克
- 帶蓋吐司準備　75 克

🕐 point

可依照個人口味及喜好更換不同果乾做為內餡

麵糰製作

1 備料

將中筋麵粉、糖、鹽、酵母等乾性材料一起放入攪拌缸。

2 攪拌

慢速攪拌約十秒鐘，讓材料充分混合。

3 加入濕性材料

將冰塊先加入牛奶中，從攪拌缸的旁邊慢慢加入。

4 攪拌

以慢速拌慢，攪至冰塊完全融化。

5 檢視

把攪拌缸側邊攪拌不到的水分以刮刀刮下，讓材料攪拌一致。

6 攪拌

開中速攪拌 3 至 4 鐘。

7 加入奶油

8 攪拌

繼續以慢速攪拌 3 至 4 鐘。

🖎 這時麵糰裡都看不到奶油了，但攪拌棒與攪拌缸的側邊都會沾上殘餘奶油，利用刮刀將奶油刮入麵糰中

9 攪拌

以中速攪拌，大約 2 至 3 分鐘。

10 拉出一小塊麵糰，測試一下是否可以拉出薄膜。

🖎 若可以成功拉出薄膜，代表麵糰已經完成囉

11 拿起麵糰

分割與整形

12 分割

先切條，再分塊。

帶蓋吐司作法

180 克麵糰 3 份。搓揉成圓球狀。

圓頂吐司作法

135 克麵糰 4 份。搓揉成麵包捲狀。詳細作法參考 P85、86

13 冷凍

將麵糰冷凍 10 分鐘。

14 整形

帶蓋吐司作法

將麵糰以桿麵棍桿長後翻面，包入葡萄乾 25 克，捲成長條狀再輕輕凹折成 U 字型。三塊麵糰以一正一反，放置於吐司模中。

圓頂吐司作法

將麵糰以桿麵棍桿長後翻面，包入葡萄乾 20 克後捲成小卷，讓麵糰沾上麵粉再置入吐司模中。整形的詳細作法參考 P87、88

發酵、烘烤與出爐

15 發酵

常溫約三小時，一定要達到九分高才可以開始烤。

16 烘烤

帶蓋吐司烘烤時間 🕐 35 分鐘：上火 210 度／下火 230 度。
圓頂吐司烘烤時間 🕐 32 分鐘：上火 160 度／下火 230 度。

17 出爐

Black Beans Toast

黑豆吐司

讓百病遠離的
黑豆

黑豆蛋白質含量高、熱量卻不高。胺基酸含量豐富，還能降低血液中膽固醇。《本草綱目》記載：「常食黑豆，可百病不生。」不但可以增強活力，更可防止大腦老化。

材料

主麵糰

中筋麵粉	1000 克
糖	120 克
鹽	12 克
乾酵母	10 克
冰塊	150 克
全脂牛奶	520 克
奶油	80 克
麵糰總重	1892 克

（此麵糰配方同 P20 的鮮奶吐司配方）

餡料

可購買現成的黑豆：

* 圓頂吐司準備　80 克
* 帶蓋吐司準備　75 克

麵糰製作

1　備料

將中筋麵粉、糖、鹽、酵母等乾性材料一起放入攪拌缸。

2　攪拌

慢速攪拌約十秒鐘，讓材料充分混合。

3　加入濕性材料

將冰塊先加入牛奶中，從攪拌缸的旁邊慢慢加入。

4　攪拌

以慢速拌慢，攪至冰塊完全融化。

5　檢視

把攪拌缸側邊攪拌不到的水分以刮刀刮下，讓材料攪拌一致。

6　攪拌

開中速攪拌 3 至 4 鐘。

7　加入奶油

8　攪拌

繼續以慢速攪拌 3 至 4 鐘。

✎ 這時麵糰裡都看不到奶油了，但攪拌棒與攪拌缸的側邊都會沾上殘餘奶油，利用刮刀將奶油刮入麵糰中

9　攪拌

以中速攪拌，大約 2 至 3 分鐘。

10　拉出一小塊麵糰，測試一下是否可以拉出薄膜。

✎ 若可以成功拉出薄膜，代表麵糰已經完成囉

11　拿起麵糰

分割與整形

12　分割

先切條，再分塊。

帶蓋吐司作法

180 克麵糰 3 份。搓揉成圓球狀。

圓頂吐司作法

135 克麵糰 4 份。搓揉成麵包捲狀。詳細作法參考 P85、86

13　冷凍

將麵糰冷凍 10 分鐘。

14　整形

帶蓋吐司作法

將麵糰以桿麵棍桿長後翻面，包入黑豆 25 克，捲成長條狀再輕輕凹折成 U 字型。三塊麵糰以一正一反，放置於吐司模中。

圓頂吐司作法

將麵糰以桿麵棍桿長後翻面，包入黑豆 20 克後捲成小卷，讓麵糰沾上麵粉再置入吐司模中。整形的詳細作法參考 P87、88

發酵、烘烤與出爐

15　發酵

常溫約三小時，一定要達到九分高才可以開始烤。

16　烘烤

帶蓋吐司烘烤時間 ⏰35 分鐘：上火 210 度／下火 230 度。
圓頂吐司烘烤時間 ⏰32 分鐘：上火 160 度／下火 230 度。

17　出爐

Blueberry Toast

藍莓吐司

享譽歐美的
超級食物

藍莓可以減緩老化、保護消化系統，更可以減少
壞膽固醇在血管內的推積，減少發生中風及心血
管疾病的機會，有助於對抗心臟病及肥胖，在歐
美是公認的超級食物。

主麵糰

中筋麵粉	1000 克
糖	100 克
鹽	12 克
乾酵母	10 克
水	510 克
奶油	80 克
藍莓果泥	200 克
（冷凍不退冰直接下）	
麵糰總重	1912 克

餡料

在製作吐司前一天將 500 克藍莓乾與 60 克萊姆酒，常溫浸泡一晚（至少 10 小時）後備用。

- 圓頂吐司準備　80 克
- 帶蓋吐司準備　75 克

point

市售任何品牌藍莓果泥皆可使用，顏色會有不同，但不影響操作。由於酸鹼度不穩定，不建議自行烹煮

麵糰製作

1　備料
將中筋麵粉、糖、鹽、酵母等乾性材料一起放入攪拌缸。

2　攪拌
慢速攪拌約十秒鐘，讓材料充分混合。

3　加入濕性材料
加入藍莓果泥，再將水從攪拌缸的旁邊慢慢加入。

4　攪拌
以慢速拌慢，攪至果泥完全融化。

5　檢視
把攪拌缸側邊攪拌不到的水分以刮刀刮下，讓材料攪拌一致。

6　攪拌
開中速攪拌 3 至 4 鐘。

7　加入奶油

8　攪拌
繼續以慢速攪拌 3 至 4 鐘。
✐ 這時麵糰裡都看不到奶油了，但攪拌棒與攪拌缸的側邊都會沾上殘餘奶油，利用刮刀將奶油刮入麵糰中

9　攪拌
以中速攪拌，大約 2 至 3 分鐘。

10　拉出一小塊麵糰，測試一下是否可以拉出薄膜。
✐ 若可以成功拉出薄膜，代表麵糰已經完成囉

11　拿起麵糰

分割與整形

12　分割
先切條，再分塊。
帶蓋吐司作法
180 克麵糰 3 份。搓揉成圓球狀。
圓頂吐司作法
135 克麵糰 4 份。搓揉成麵包捲狀。詳細作法參考 P85、86

13　冷凍
將麵糰冷凍 10 分鐘。

14　整形
帶蓋吐司作法
將麵糰以桿麵棍桿長後翻面，包入藍莓乾 25 克，捲成長條狀再輕輕凹折成 U 字型。三塊麵糰以一正一反，放置於吐司模中。
圓頂吐司作法
將麵糰以桿麵棍桿長後翻面，包入藍莓乾 20 克後捲成小卷，讓麵糰沾上麵粉再置入吐司模中。整形的詳細作法參考 P87、88

發酵、烘烤與出爐

15　發酵
常溫約三小時，一定要達到九分高才可以開始烤。

16　烘烤
帶蓋吐司烘烤時間 ⏰35 分鐘：上火 210 度／下火 230 度。
圓頂吐司烘烤時間 ⏰32 分鐘：上火 160 度／下火 230 度。

17　出爐

Orange Toast

香橙吐司

富含維生素 C 的
保健之王

柳橙被稱為「療疾佳果」，從皮到子都可以用，
柳丁皮曬成乾後就是陳皮，能化痰止渴。果肉不
僅含豐富的維生素 C 跟 P，還能健胃整胃、增加
抵抗力、預防感冒。

(材料)

主麵糰

中筋麵粉	1000 克
糖	80 克
鹽	12 克
乾酵母	10 克
冰塊	220 克
柳橙汁 （採用市售果汁）	420 克
橙皮 （一整顆的分量）	2 克
奶油	60 克
橙皮丁	200 克
麵糰總重	2004 克

！ point

橙皮丁秤好備用，若帶有很多糖粉或糖蜜，需先洗淨，並以乾布吸除多餘水份

(麵糰製作)

1 備料

將中筋麵粉、糖、鹽、酵母、橙皮等乾性材料一起放入攪拌缸。

2 攪拌

慢速攪拌約十秒鐘，讓材料充分混合。

3 加入濕性材料

將冰塊及柳橙汁從攪拌缸的旁邊慢慢加入。

4 攪拌

以慢速拌慢，攪至冰塊完全融化。

5 檢視

把攪拌缸側邊攪拌不到的水分以刮刀刮下，讓材料攪拌一致。

6 攪拌

開中速攪拌 3 至 4 鐘。

7 加入奶油

8 攪拌

繼續以慢速攪拌 3 至 4 鐘。

🍃 這時麵糰裡都看不到奶油了，但攪拌棒與攪拌缸的側邊都會沾上殘餘奶油，利用刮刀將奶油刮入麵糰中

9 攪拌

以中速攪拌，大約 2 至 3 分鐘。

10 拉出一小塊麵糰，測試一下是否可以拉出薄膜。

🍃 若可以成功拉出薄膜，代表麵糰已經完成囉

11 拿起麵糰並檢查

將麵糰整個拿起，把橙皮丁全數放入攪拌缸中，將麵糰切小塊（約半個拳頭大）分批放入攪拌缸中，稍微攪拌拌勻即可。若還是不夠均勻，將麵糰取出後，對切成兩半，再上下交疊，重覆數次至均勻即可。

(分割與整形)

12 分割

先切條，再分塊。

帶蓋吐司作法

180 克麵糰 3 份。搓揉成圓球狀。

圓頂吐司作法

135 克麵糰 4 份。搓揉成麵包捲狀。

詳細作法參考 P101、102

13 冷凍

將麵糰冷凍 10 分鐘。

14 整形

麵糰帶有果乾，在整型桿麵時不要太用力，避免破壞表面。

帶蓋吐司作法

將麵糰以桿麵棍桿長後翻面，捲成長條狀再輕輕凹折成 U 字型。三塊麵糰以一正一反，放置於吐司模中。

圓頂吐司作法

將麵糰以桿麵棍桿長後翻面，捲成小卷，讓麵糰沾上麵粉再置入吐司模中。

整形的詳細作法參考 P103、104

(發酵、烘烤與出爐)

15 發酵

常溫約三小時，一定要達到九分高才可以開始烤。

16 烘烤

帶蓋吐司烘烤時間 ⏰ 35 分鐘：上火 210 度／下火 230 度。

圓頂吐司烘烤時間 ⏰ 32 分鐘：上火 160 度／下火 230 度。

17 出爐

Mango Toast

芒果吐司

富含微量元素的
水果

芒果含有豐富的維生素 A、維生素 C 和維生素 D，
亦有醣類、膳食纖維、葉酸、鈣、磷、鐵、鉀、
鎂等微量元素。中醫認為，芒果性涼、具生津解
渴及止暈眩等功效。

材料

主麵糰

中筋麵粉	1000 克
糖	100 克
鹽	12 克
乾酵母	10 克
水	490 克
奶油	60 克
芒果果泥	200 克

（冷凍不退冰直接下）

麵糰總重	1872 克

餡料

在製作吐司前一天將 500 克芒果乾與 50 克萊姆酒，常溫浸泡一晚（至少 10 小時）後使用。

- 圓頂吐司準備　80 克
- 帶蓋吐司準備　75 克

麵糰製作

1 備料

將中筋麵粉、糖、鹽、酵母等乾性材料一起放入攪拌缸。

2 攪拌

慢速攪拌約十秒鐘，讓材料充分混合。

3 加入濕性材料

加入芒果果泥，再將水從攪拌缸的旁邊慢慢加入。

4 攪拌

以慢速拌慢，攪至果泥完全融化。

5 檢視

把攪拌缸側邊攪拌不到的水分以刮刀刮下，讓材料攪拌一致。

6 攪拌

開中速攪拌 3 至 4 鐘。

7 加入奶油

8 攪拌

繼續以慢速攪拌 3 至 4 鐘。

✍ 這時麵糰裡都看不到奶油了，但攪拌棒與攪拌缸的側邊都會沾上殘餘奶油，利用刮刀將奶油刮入麵糰中

9 攪拌

以中速攪拌，大約 2 至 3 分鐘。

10 拉出一小塊麵糰，測試一下是否可以拉出薄膜。

✍ 若可以成功拉出薄膜，代表麵糰已經完成囉

11 拿起麵糰

分割與整形

12 分割

先切條，再分塊。

帶蓋吐司作法

180 克麵糰 3 份。搓揉成圓球狀。

圓頂吐司作法

135 克麵糰 4 份。搓揉成麵包捲狀。詳細作法參考 P85、86

13 冷凍

將麵糰冷凍 10 分鐘。

14 整形

帶蓋吐司作法

將麵糰以桿麵棍桿長後翻面，包入芒果乾 15 克，捲成長條狀再輕輕凹折成 U 字型。三塊麵糰以一正一反，放置於吐司模中。

圓頂吐司作法

將麵糰以桿麵棍桿長後翻面，包入芒果乾 20 克後捲成小卷，讓麵糰沾上麵粉再置入吐司模中。整形的詳細作法參考 P87、88

發酵、烘烤與出爐

15 發酵

常溫約三小時，一定要達到九分高才可以開始烤。

16 烘烤

帶蓋吐司烘烤時間 ⏰ 35 分鐘：上火 210 度／下火 230 度。
圓頂吐司烘烤時間 ⏰ 32 分鐘：上火 160 度／下火 230 度。

17 出爐

Passion Fruit & Pineapple Toast

百香鳳梨吐司

酸甜好滋味

百香果富含豐富的維生素 A、C，可幫助鐵質吸收，並有穩定神經、幫助睡眠、改善貧血、降低高血壓等功效。鳳梨高纖，含有果鳳梨蛋白酶和莖鳳梨蛋白酶兩種活性成分，可減輕消化系統的負擔。

主麵糰

中筋麵粉	1000 克
糖	80 克
鹽	12 克
乾酵母	10 克
水	510 克
奶油	60 克
百香果果泥	200 克
（冷凍不退冰直接下）	
黑芝麻粒	10 克
麵糰總重	1882 克

餡料

在製作吐司前一天將鳳梨乾與紅酒，常溫浸泡一晚（至少 10 小時）後使用。

- 圓頂吐司準備　80 克
- 帶蓋吐司準備　75 克

1 備料

將中筋麵粉、糖、鹽、酵母、黑芝麻粒等乾性材料一起放入攪拌缸。

2 攪拌

慢速攪拌約十秒鐘，讓材料充分混合。

3 加入濕性材料

加入百香果果泥，再將水從攪拌缸的旁邊慢慢加入。

4 攪拌

以慢速拌慢，攪至果泥完全融化。

5 檢視

把攪拌缸側邊攪拌不到的水分以刮刀刮下，讓材料攪拌一致。

6 攪拌

開中速攪拌 3 至 4 鐘。

7 加入奶油

8 攪拌

繼續以慢速攪拌 3 至 4 鐘。

🖊 這時麵糰裡都看不到奶油了，但攪拌棒與攪拌缸的側邊都會沾上殘餘奶油，利用刮刀將奶油刮入麵糰中

9 攪拌

以中速攪拌，大約 2 至 3 分鐘。

10 拉出一小塊麵糰，測試一下是否可以拉出薄膜。

🖊 若可以成功拉出薄膜，代表麵糰已經完成囉

11 拿起麵糰

12 分割

先切條，再分塊。

帶蓋吐司作法

180 克麵糰 3 份。搓揉成圓球狀。

圓頂吐司作法

135 克麵糰 4 份。搓揉成麵包捲狀。詳細作法參考 P85、86

13 冷凍

將麵糰冷凍 10 分鐘。

14 整形

帶蓋吐司作法

將麵糰以桿麵棍桿長後翻面，包入鳳梨乾 15 克，捲成長條狀再輕輕凹折成 U 字型。三塊麵糰以一正一反，放置於吐司模中。

圓頂吐司作法

將麵糰以桿麵棍桿長後翻面，包入鳳梨乾 20 克後捲成小卷，讓麵糰沾上麵粉再置入吐司模中。整形的詳細作法參考 P87、88

15 發酵

常溫約三小時，一定要達到九分高才可以開始烤。

16 烘烤

帶蓋吐司烘烤時間 ⏰35 分鐘：上火 210 度／下火 230 度。
圓頂吐司烘烤時間 ⏰32 分鐘：上火 160 度／下火 230 度。

17 出爐

Mix-fruit Toast
綜合水果吐司

營養滿分的
綜合水果

水果好處多多，綜合水果果乾一次可吃到多種口
味，也可以自行選擇喜歡的水果入料哦。

材料

主麵糰

中筋麵粉	1000 克
糖	80 克
鹽	12 克
乾酵母	10 克
冰塊	200 克
水	420 克
奶油	70 克
麵糰總重	1792 克

餡料

在製作吐司前一天將 1000 克果乾與 80 克不限種類的酒，常溫浸泡一晚（至少 10 小時）後使用。

- 圓頂吐司準備 80 克
- 帶蓋吐司準備 75 克

! point

可依照個人口味及喜好更換不同果乾做為內餡

麵糰製作

1 備料

將中筋麵粉，糖，鹽，酵母等乾性材料一起放入攪拌缸。

2 攪拌

慢速攪拌約十秒鐘，讓材料充分混合。

3 加入濕性材料

將冰塊先加入水中，從攪拌缸的旁邊慢慢加入。

4 攪拌

以慢速拌慢，攪至冰塊完全融化。

5 檢視

把攪拌缸側邊攪拌不到的水分以刮刀刮下，讓材料攪拌一致。

6 攪拌

開中速攪拌 3 至 4 鐘。

7 加入奶油

8 攪拌

繼續以慢速攪拌 3 至 4 鐘。

✍ 這時麵糰裡都看不到奶油了，但攪拌棒與攪拌缸的側邊都會沾上殘餘奶油，利用刮刀將奶油刮入麵糰中

9 攪拌

以中速攪拌，大約 2 至 3 分鐘。

10 拉出一小塊麵糰，測試一下是否可以拉出薄膜。

✍ 若可以成功拉出薄膜，代表麵糰已經完成囉

11 拿起麵糰

分割與整形

12 分割

先切條，再分塊。

帶蓋吐司作法

180 克麵糰 3 份。搓揉成圓球狀。

圓頂吐司作法

135 克麵糰 4 份。搓揉成麵包捲狀。詳細作法參考 P85、86

13 冷凍

將麵糰冷凍 10 分鐘。

14 整形

帶蓋吐司作法

將麵糰以桿麵棍桿長後翻面，包入果乾 15 克，捲成長條狀再輕輕凹折成 U 字型。三塊麵糰以一正一反，放置於吐司模中。

圓頂吐司作法

將麵糰以桿麵棍桿長後翻面，包入果乾 20 克後捲成小卷，讓麵糰沾上麵粉再置入吐司模中。整形的詳細作法參考 P87、88

發酵、烘烤與出爐

15 發酵

常溫約三小時，一定要達到九分高才可以開始烤。

16 烘烤

帶蓋吐司烘烤時間 ⏱35 分鐘：上火 210 度／下火 230 度。
圓頂吐司烘烤時間 ⏱32 分鐘：上火 160 度／下火 230 度。

17 出爐

Anka Toast

紅麴莓果吐司

紅麴配莓果，
好看更好吃

紅麴好處多多，除了可降膽固醇外，還有許多保
健功效，清血、排毒、降血糖、降血壓、抗老等
功效；蔓越莓有預防泌尿道等功效。

材料

主麵糰

中筋麵粉	1000 克
糖	120 克
鹽	12 克
乾酵母	10 克
冰塊	200 克
水	440 克
紅麴粉	5 克
黑芝麻粒	10 克
奶油	80 克
麵糰總重	1882 克

ⓘ point

麵糰顏色可用紅麴粉稍作調整（約 5 至 10 克）。

餡料

在製作吐司前一天將 200 克蔓越莓泡 10 克萊姆酒與 10 克蜂蜜，常溫浸泡一晚（至少 10 小時）。

• 圓頂吐司準備　80 克
• 帶蓋吐司準備　75 克

ⓘ point

可依照個人口味及喜好更換不同果乾做為內餡。

麵糰製作

1　備料

將中筋麵粉、糖、鹽、酵母、紅麴粉、黑芝麻粒等乾性材料一起放入攪拌缸。

2　攪拌

慢速攪拌約十秒鐘，讓材料充分混合。

3　加入濕性材料

將冰塊先加入水中，從攪拌缸的旁邊慢慢加入。

4　攪拌

以慢速拌慢，攪至冰塊完全融化。

5　檢視

把攪拌缸側邊攪拌不到的水分以刮刀刮下，讓材料攪拌一致。

6　攪拌

開中速攪拌 3 至 4 鐘。

7　加入奶油

8　攪拌

繼續以慢速攪拌 3 至 4 鐘。

✎ 這時麵糰裡都看不到奶油了，但攪拌棒與攪拌缸的側邊都會沾上殘餘奶油，利用刮刀將奶油刮入麵糰中

9　攪拌

以中速攪拌，大約 2 至 3 分鐘。

10　拉出一小塊麵糰，測試一下是否可以拉出薄膜。

✎ 若可以成功拉出薄膜，代表麵糰已經完成囉

11　拿起麵糰

分割與整形

12　分割

先切條，再分塊。

帶蓋吐司作法

180 克麵糰 3 份。搓揉成圓球狀。

圓頂吐司作法

135 克麵糰 4 份。搓揉成麵包捲狀。詳細作法參考 P85、86

13　冷凍

將麵糰冷凍 10 分鐘。

14　整形

帶蓋吐司作法

將麵糰以桿麵棍桿長後翻面，包入蔓越莓 15 克，捲成長條狀再輕輕凹折成 U 字型。三塊麵糰以一正一反，放置於吐司模中。

圓頂吐司作法

將麵糰以桿麵棍桿長後翻面，包入蔓越莓 20 克後捲成小卷，讓麵糰沾上麵粉再置入吐司模中。整形的詳細作法參考 P87、88

發酵、烘烤與出爐

15　發酵

常溫約三小時，一定要達到九分高才可以開始烤。

16　烘烤

帶蓋吐司烘烤時間 ⏲ 35 分鐘：上火 210 度／下火 230 度。
圓頂吐司烘烤時間 ⏲ 32 分鐘：上火 160 度／下火 230 度。

17　出爐

Black Kerneled Rice Toast

黑米吐司

有米中之王美譽的
黑米

黑米是特種稻米的一種，外皮墨黑，是稻米中的
珍品，古代是專供內廷的「貢米」。富含花青素、
礦物質及種微量元素，具有很強的抗衰老作用。

　　　　　麵糰製作　　　　　分割與整形

主麵糰

中筋麵粉	1000 克
糖	100 克
鹽	12 克
乾酵母	10 克
冰塊	200 克
水	420 克
奶油	50 克
煮熟黑米	200 克
麵糰總重	1992 克

餡料

木瓜丁	60 克
• 圓頂吐司準備	60 克
• 帶蓋吐司準備	60 克

! point
黑米煮到平常吃飯的
軟硬度即可

---

1 備料
將中筋麵粉、糖、鹽、酵母、
煮熟黑米等乾性材料一起放入
攪拌缸。

2 攪拌
慢速攪拌約十秒鐘，讓材料充
分混合。

3 加入濕性材料
將冰塊及水從攪拌缸的旁邊慢
慢加入。加入奶油一起攪拌。
小胖老師提醒 若 1000 克麵粉搭
配 50 克以下的油脂，油脂可與濕
料同時攪拌。油脂率較高會影響
麵筋的形成，故超過 50 克需分開
攪拌。

4 攪拌
以慢速拌慢，攪至冰塊完全
融化。

5 檢視
把攪拌缸側邊攪拌不到的水分
以刮刀刮下，讓材料攪拌一致。

6 攪拌
開中速攪拌 3 至 4 鐘。

7 攪拌
繼續以慢速攪拌 3 至 4 鐘。
✎ 這時麵糰裡都看不到奶油了，
但攪拌棒與攪拌缸的側邊都會沾
上殘餘奶油，利用刮刀將奶油刮
入麵糰中

8 攪拌
以中速攪拌，大約 2 至 3 分鐘。

9 拉出一小塊麵糰，測試一下是
否可以拉出薄膜。
✎ 若可以成功拉出薄膜，代表麵
糰已經完成囉

10 拿起麵糰

---

11 分割
先切條，再分塊。
帶蓋吐司作法
180 克麵糰 3 份。搓揉成圓球
狀。
圓頂吐司作法
135 克麵糰 4 份。搓揉成麵包
捲狀。詳細作法參考 P85、86

12 冷凍
將麵糰冷凍 10 分鐘。

13 整形
帶蓋吐司作法
將麵糰以桿麵棍桿長後翻面，
包入木瓜丁 15 克，捲成長條
狀再輕輕凹折成 U 字型。三塊
麵糰以一正一反，放置於吐司
模中。
圓頂吐司作法
將麵糰以桿麵棍桿長後翻面，
包入木瓜丁 20 克後捲成小卷，
讓麵糰沾上麵粉再置入吐司模
中。整形的詳細作法參考 P87、88

發酵、烘烤與出爐

14 發酵
常溫約三小時，一定要達到九
分高才可以開始烤。

15 烘烤
帶蓋吐司烘烤時間 ⏰35 分鐘：
上火 210 度／下火 230 度。
圓頂吐司烘烤時間 ⏰32 分鐘：
上火 160 度／下火 230 度。

16 出爐

Oat Toast

燕麥葡萄吐司

三高族群最適合的
食材

燕麥含有豐富的維生素 B 群、 E 及鐵、鋅、鎂等
礦物質，富含人體必需的亞麻油酸、次亞麻油酸
及單元不飽和脂肪酸，能夠降低血膽固醇，減少
罹患心血管疾病的機率。

材料

主麵糰

中筋麵粉	1000 克
糖	50 克
鹽	12 克
乾酵母	10 克
冰塊	200 克
水	490 克
奶油	50 克
燕麥片	80 克
麵糰總重	1892 克

餡料

在製作吐司前一天將 1000 克葡萄乾與 80 克萊姆酒,常溫浸泡一晚(至少 10 小時)後使用。

• 圓頂吐司準備 100 克
• 帶蓋吐司準備　90 克

麵糰製作

1　備料

將中筋麵粉、糖、鹽、酵母、燕麥片等乾性材料一起放入攪拌缸。

2　攪拌

慢速攪拌約十秒鐘,讓材料充分混合。

3　加入濕性材料

將冰塊先加入水中,從攪拌缸的旁邊慢慢加入。

> 小胖老師提醒　若 1000 克麵粉搭配 50 克以下的油脂,油脂可與濕料同時攪拌。油脂率較高會影響麵筋的形成,故超過 50 克需分開攪拌。

4　攪拌

以慢速拌慢,攪至冰塊完全融化。

5　檢視

把攪拌缸側邊攪拌不到的水分以刮刀刮下,讓材料攪拌一致。

6　攪拌

開中速攪拌 3 至 4 鐘。

7　攪拌

繼續以慢速攪拌 3 至 4 鐘。

> 🌿 這時麵糰裡都看不到奶油了,但攪拌棒與攪拌缸的側邊都會沾上殘餘奶油,利用刮刀將奶油刮入麵糰中

8　攪拌

以中速攪拌,大約 2 至 3 分鐘。

9　拉出一小塊麵糰,測試一下是否可以拉出薄膜。

> 🌿 若可以成功拉出薄膜,代表麵糰已經完成囉

10　拿起麵糰

分割與整形

11　分割

先切條,再分塊。

帶蓋吐司作法
180 克麵糰 3 份。搓揉成圓球狀。

圓頂吐司作法
135 克麵糰 4 份。搓揉成麵包捲狀。詳細作法參考 P85、86

12　冷凍

將麵糰冷凍 10 分鐘。

13　整形

帶蓋吐司作法
將麵糰以桿麵棍桿長後翻面,包入葡萄乾 30 克,捲成長條狀再輕輕凹折成 U 字型。三塊麵糰以一正一反,放置於吐司模中。

圓頂吐司作法
將麵糰以桿麵棍桿長後翻面,包入葡萄乾 25 克後捲成小卷,讓麵糰沾上麵粉再置入吐司模中。整形的詳細作法參考 P87、88

發酵、烘烤與出爐

14　發酵

常溫約三小時,一定要達到九分高才可以開始烤。

15　烘烤

帶蓋吐司烘烤時間 ⏰35 分鐘:
上火 210 度／下火 230 度。
圓頂吐司烘烤時間 ⏰32 分鐘:
上火 160 度／下火 230 度。

16　出爐

Brown Sugar Toast

黑糖吐司

未經精煉的好糖

黑糖屬於溫補食材，具有益氣、緩和腸胃道不適、
活血散瘀、溫經散寒有緩解疼痛的功效，是中醫
養生的食材。

材料

主麵糰

中筋麵粉	1000 克
黑糖	120 克
鹽	12 克
乾酵母	10 克
冰塊	200 克
水	420 克
奶油	70 克
麵糰總重	1832 克

餡料

1/8 烘焙用生核桃：

- 圓頂吐司準備　80 克
- 帶蓋吐司準備　75 克

麵糰製作

1 備料

將中筋麵粉、黑糖、鹽、酵母等乾性材料一起放入攪拌缸。

2 攪拌

慢速攪拌約十秒鐘，讓材料充分混合。

3 加入濕性材料

將冰塊先加入水中，從攪拌缸的旁邊慢慢加入。

4 攪拌

以慢速拌慢，攪至冰塊完全融化。

5 檢視

把攪拌缸側邊攪拌不到的水分以刮刀刮下，讓材料攪拌一致。

6 攪拌

開中速攪拌 3 至 4 鐘。

7 加入奶油

8 攪拌

繼續以慢速攪拌 3 至 4 鐘。

🖊 這時麵糰裡都看不到奶油了，但攪拌棒與攪拌缸的側邊都會沾上殘餘奶油，利用刮刀將奶油刮入麵糰中

9 攪拌

以中速攪拌，大約 2 至 3 分鐘。

10 拉出一小塊麵糰，測試一下是否可以拉出薄膜。

🖊 若可以成功拉出薄膜，代表麵糰已經完成囉

11 拿起麵糰

分割與整形

12 分割

先切條，再分塊。

帶蓋吐司作法

180 克麵糰 3 份。搓揉成圓球狀。

圓頂吐司作法

135 克麵糰 4 份。搓揉成麵包捲狀。詳細作法參考 P85、86

13 冷凍

將麵糰冷凍 10 分鐘。

14 整形

帶蓋吐司作法

將麵糰以桿麵棍桿長後翻面，包入生核桃 25 克，捲成長條狀再輕輕凹折成 U 字型。三塊麵糰以一正一反，放置於吐司模中。

圓頂吐司作法

將麵糰以桿麵棍桿長後翻面，包入生核桃 20 克後捲成小卷，讓麵糰沾上麵粉再置入吐司模中。整形的詳細作法參考 P87、88

發酵、烘烤與出爐

15 發酵

常溫約三小時，一定要達到九分高才可以開始烤。

16 烘烤

帶蓋吐司烘烤時間 ⏰35 分鐘：上火 210 度／下火 230 度。
圓頂吐司烘烤時間 ⏰32 分鐘：上火 160 度／下火 230 度。

17 出爐

Grain Rice Toast

綜合穀米吐司

高纖又抗氧化的
健康組合

洛神花有很強的抗氧化作用，不但可以促進新陳代
謝、緩解身體疲倦、開胃消滯，對治療心臟病、高
血壓、調節血脂、降低血液濃度等有一定的效果。

主麵糰

中筋麵粉	1000 克
糖	70 克
鹽	15 克
乾酵母	10 克
冰塊	200 克
水	420 克
奶油	50 克
綜合穀米	200 克
麵糰總重	1965 克

❶ point

將綜合穀米煮至我們吃飯的米飯同樣軟硬即可，冷卻後備用

餡料

在製作吐司前一天將洛神花泡酒，常溫浸泡一晚（至少 10 小時）後，剪成小塊備用。

• 圓頂吐司準備 100 克
• 帶蓋吐司準備　90 克

麵糰製作

1 備料

將中筋麵粉、糖、鹽、酵母、綜合穀米等乾性材料一起放入攪拌缸。

2 攪拌

慢速攪拌約十秒鐘，讓材料充分混合。

3 加入濕性材料

將奶油、冰塊及水從攪拌缸的旁邊慢慢加入。

小胖老師提醒 若 1000 克麵粉搭配 50 克以下的油脂，油脂可與濕料同時攪拌。油脂率較高會影響麵筋的形成，故超過 50 克需分開攪拌。

4 攪拌

以慢速拌慢，攪至冰塊完全融化。

5 檢視

把攪拌缸側邊攪拌不到的水分以刮刀刮下，讓材料攪拌一致。

6 攪拌

開中速攪拌 3 至 4 鐘。

7 攪拌

繼續以慢速攪拌 3 至 4 鐘。

✐ 這時麵糰裡都看不到奶油了，但攪拌棒與攪拌缸的側邊都會沾上殘餘奶油，利用刮刀將奶油刮入麵糰中

8 攪拌

以中速攪拌，大約 2 至 3 分鐘。

9 拉出一小塊麵糰，測試一下是否可以拉出薄膜。

✐ 若可以成功拉出薄膜，代表麵糰已經完成囉

10 拿起麵糰

分割與整形

11 分割

先切條，再分塊。

帶蓋吐司作法

180 克麵糰 3 份。搓揉成圓球狀。

圓頂吐司作法

135 克麵糰 4 份。搓揉成麵包捲狀。詳細作法參考 P85、86

12 冷凍

將麵糰冷凍 10 分鐘。

13 整形

帶蓋吐司作法

將麵糰以桿麵棍桿長後翻面，包入洛神花 30 克，捲成長條狀再輕輕凹折成 U 字型。三塊麵糰以一正一反，放置於吐司模中。

圓頂吐司作法

將麵糰以桿麵棍桿長後翻面，包入洛神花 25 克後捲成小卷，讓麵糰沾上麵粉再置入吐司模中。整形的詳細作法參考 P87、88

發酵、烘烤與出爐

14 發酵

常溫約三小時，一定要達到九分高才可以開始烤。

15 烘烤

帶蓋吐司烘烤時間 ⏰35 分鐘：上火 210 度／下火 230 度。
圓頂吐司烘烤時間 ⏰32 分鐘：上火 160 度／下火 230 度。

16 出爐

Maple Syrup Toast

楓糖吐司

**被譽為「液體黃金」的
食材**

楓糖含有豐富的有機酸和礦物質，熱量比砂糖、蔗
糖、果糖低，但所含的微量元素卻比其他糖類高得
多，能補充營養不均衡的虛弱體質。

主麵糰

中筋麵粉	1000 克
楓糖漿	120 克
鹽	17 克
乾酵母	10 克
冰塊	200 克
水	400 克
奶油	50 克
麵糰總重	1797 克

餡料

1/2 夏威夷豆:

• 圓頂吐司準備 100 克

• 帶蓋吐司準備 90 克

🖲 point

可依照個人喜好改為
其他堅果

---

1 備料

將中筋麵粉、鹽、酵母等乾性
材料一起放入攪拌缸。

2 攪拌

慢速攪拌約十秒鐘,讓材料充
分混合。

3 加入濕性材料

將奶油、冰塊、水及楓糖漿從
攪拌缸的旁邊慢慢加入。

小胖老師提醒 若 1000 克麵粉搭配
50 克以下的油脂,油脂可與濕料
同時攪拌。油脂率較高會影響麵筋
的形成,故超過 50 克需分開攪拌。

4 攪拌

以慢速拌慢,攪至冰塊完全融化。

5 檢視

把攪拌缸側邊攪拌不到的水分
以刮刀刮下,讓材料攪拌一致。

6 攪拌

開中速攪拌 3 至 4 鐘。

7 攪拌

繼續以慢速攪拌 3 至 4 鐘。

✍ 這時麵糰裡都看不到奶油了,
但攪拌棒與攪拌缸的側邊都會沾
上殘餘奶油,利用刮刀將奶油刮
入麵糰中

8 攪拌

以中速攪拌,大約 2 至 3 分鐘。

9 拉出一小塊麵糰,測試一下是
否可以拉出薄膜。

✍ 若可以成功拉出薄膜,代表麵
糰已經完成囉

10 拿起麵糰

---

11 分割

先切條,再分塊。

帶蓋吐司作法

180 克麵糰 3 份。搓揉成圓球
狀。

圓頂吐司作法

135 克麵糰 4 份。搓揉成麵包
捲狀。詳細作法參考 P85、86

12 冷凍

將麵糰冷凍 10 分鐘。

13 整形

帶蓋吐司作法

將麵糰以桿麵棍桿長後翻面,
包入夏威夷豆 30 克,捲成長
條狀再輕輕凹折成 U 字型。三
塊麵糰以一正一反,放置於吐
司模中。

圓頂吐司作法

將麵糰以桿麵棍桿長後翻面,
包入夏威夷豆 25 克後捲成小
卷,讓麵糰沾上麵粉再置入吐
司模中。

整形的詳細作法參考 P87、88

14 發酵

常溫約三小時,一定要達到九
分高才可以開始烤。

15 烘烤

帶蓋吐司烘烤時間 ⏰35 分鐘:
上火 210 度/下火 230 度。
圓頂吐司烘烤時間 ⏰32 分鐘:
上火 160 度/下火 230 度。

16 出爐

Honey Toast
蜂蜜吐司
可食用可藥用的
完美食材

蜂蜜除了美味，富含的微量元素還具有抗氧化、抗發炎、抗菌等效果，其中的植物抗氧化劑及酵素更賦予蜂蜜療效，是千年來被認為可食用又可藥用的珍貴材料。

主麵糰

中筋麵粉	1000 克
蜂蜜	100 克
鹽	12 克
乾酵母	10 克
冰塊	200 克
水	400 克
橄欖油	60 克
麵糰總重	1782 克

餡料

蜂蜜丁：

- 圓頂吐司準備　80 克
- 帶蓋吐司準備　75 克

❶ point

可依照個人喜好改為
其他堅果

麵糰製作

1 備料

將中筋麵粉、鹽、酵母等乾性
材料一起放入攪拌缸。

2 攪拌

慢速攪拌約十秒鐘，讓材料充
分混合。

3 加入濕性材料

將橄欖油加入水中充分混和
後，與冰塊及蜂蜜從攪拌缸的
旁邊慢慢加入。

　小胖老師提醒　橄欖油為液態油，
一定要先加在水裡攪拌再入麵糰，
若直接倒入麵糰將無法均勻混和。

4 攪拌

以慢速拌慢，攪至冰塊完全
融化。

5 檢視

把攪拌缸側邊攪拌不到的水分
以刮刀刮下，讓材料攪拌一致。

6 攪拌

開中速攪拌 3 至 4 鐘。

7 攪拌

繼續以慢速攪拌 3 至 4 鐘。

8 攪拌

以中速攪拌，大約 2 至 3 分鐘。

9 拉出一小塊麵糰，測試一下是
否可以拉出薄膜。

　✎ 若可以成功拉出薄膜，代表麵
糰已經完成囉

10 拿起麵糰

分割與整形

11 分割

先切條，再分塊。

帶蓋吐司作法

180 克麵糰 3 份。搓揉成圓球
狀。

圓頂吐司作法

135 克麵糰 4 份。搓揉成麵包
捲狀。詳細作法參考 P85、86

12 冷凍

將麵糰冷凍 10 分鐘。

13 整形

帶蓋吐司作法

將麵糰以桿麵棍桿長後翻面，
包入蜂蜜丁 25 克，捲成長條
狀再輕輕凹折成 U 字型。三塊
麵糰以一正一反，放置於吐司
模中。

圓頂吐司作法

將麵糰以桿麵棍桿長後翻面，
包入蜂蜜丁 20 克後捲成小卷，
讓麵糰沾上麵粉再置入吐司模
中。整形的詳細作法參考 P87、88

發酵、烘烤與出爐

14 發酵

常溫約三小時，一定要達到九
分高才可以開始烤。

15 烘烤

帶蓋吐司烘烤時間 ⏲35 分鐘：
上火 210 度／下火 230 度。
圓頂吐司烘烤時間 ⏲32 分鐘：
上火 160 度／下火 230 度。

16 出爐

Matcha Red Bean Toast

抹茶紅豆吐司

搭配蜜紅豆，
點綴出吐司界的宇治金時

抹茶與紅豆，除了顏色合拍，口感上更是絕配！
甜蜜蜜的紅豆，不但沖淡了抹茶的苦澀，更中和
出一股溫潤的口感。
紅豆養心補血，可改善手腳冰冷，而抹茶可以促
進腸胃蠕動，正好彌補了豆類脹氣的缺點。

主麵糰

中筋麵粉	1000 克
糖	100 克
鹽	12 克
乾酵母	10 克
冰塊	200 克
水	450 克
抹茶粉	10 克
黑芝麻粒	10 克
奶油	60 克
麵糰總重	1852 克

餡料

蜜紅豆粒	90 克
• 圓頂吐司準備	80 克
• 帶蓋吐司準備	90 克

麵糰製作

1 備料

將中筋麵粉、糖、鹽、酵母等乾性材料一起放入攪拌缸。

2 攪拌

慢速攪拌約十秒鐘,讓材料充分混合。

3 加入濕性材料

將冰塊先加入水中,從攪拌缸的旁邊慢慢加入。再將紫蔬碎加入攪拌。

4 攪拌

以慢速拌慢,攪至冰塊完全融化。

5 檢視

把攪拌缸側邊攪拌不到的水分以刮刀刮下,讓材料攪拌一致。

6 攪拌

開中速攪拌 3 至 4 鐘。

7 加入奶油

8 攪拌

繼續以慢速攪拌 3 至 4 鐘。

✐ 這時麵糰裡都看不到奶油了,但攪拌棒與攪拌缸的側邊都會沾上殘餘奶油,利用刮刀將奶油刮入麵糰中

9 攪拌

以中速攪拌,大約 2 至 3 分鐘。

10 拉出一小塊麵糰,測試一下是否可以拉出薄膜。

✐ 若可以成功拉出薄膜,代表麵糰已經完成囉

11 拿起麵糰

分割與整形

12 分割

先切條,再分塊。

帶蓋吐司作法

180 克麵糰 3 份。搓揉成圓球狀。

圓頂吐司作法

135 克麵糰 4 份。搓揉成麵包捲狀。詳細作法參考 P85、86

13 冷凍

將麵糰冷凍 10 分鐘。

14 整形

帶蓋吐司作法

將麵糰以桿麵棍桿長後翻面,包入蜜紅豆粒 30 克,捲成長條狀再輕輕凹折成 U 字型。三塊麵糰以一正一反,放置於吐司模中。

圓頂吐司作法

將麵糰以桿麵棍桿長後翻面,包入蜜紅豆粒 20 克後捲成小卷,讓麵糰沾上麵粉再置入吐司模中。整形的詳細作法參考 P87、88

發酵、烘烤與出爐

15 發酵

常溫約三小時,一定要達到九分高才可以開始烤。

16 烘烤

帶蓋吐司烘烤時間 ⏰35 分鐘:上火 210 度／下火 230 度。
圓頂吐司烘烤時間 ⏰32 分鐘:上火 160 度／下火 230 度。

17 出爐

Earl Grey Toast

伯爵紅茶吐司

帶入茶香的
吐司組合

加入茶葉製作的吐司，吃得出淡淡茶香，卻又不過分濃郁。自己做過一次，就可分辨加入香精與新鮮茶葉的吐司差別了。

材料

主麵糰

中筋麵粉	1000 克
糖	100 克
鹽	10 克
乾酵母	10 克
冰塊	200 克
全脂牛奶	100 克
水	390 克
奶油	80 克
紅茶粉	20 克
麵糰總重	1910 克

餡料

什錦水果乾不用泡酒，
直接備用。

① point

茶葉不限種類，但一定
要打成粉，越細越好。

麵糰製作

1 備料

將中筋麵粉、糖、鹽、酵母、
紅茶粉等乾性材料一起放入攪
拌缸。

2 攪拌

慢速攪拌約十秒鐘，讓材料充
分混合。

3 加入濕性材料

將全脂牛奶、冰塊及水從攪拌
缸的旁邊慢慢加入。

4 攪拌

以慢速拌慢，攪至冰塊完全融
化。

5 檢視

把攪拌缸側邊攪拌不到的水分
以刮刀刮下，讓材料攪拌一
致。

6 攪拌

開中速攪拌 3 至 4 鐘。

7 加入奶油

8 攪拌

繼續以慢速攪拌 3 至 4 鐘。

✎ 這時麵糰裡都看不到奶油了，
但攪拌棒與攪拌缸的側邊都會沾
上殘餘奶油，利用刮刀將奶油刮
入麵糰中

9 攪拌

以中速攪拌，大約 2 至 3 分鐘。

10 拉出一小塊麵糰，測試一下是
否可以拉出薄膜。

✎ 若可以成功拉出薄膜，代表麵
糰已經完成囉

11 拿起麵糰

分割與整形

12 分割

先切條，再分塊。

帶蓋吐司作法

180 克麵糰 3 份。搓揉成圓球
狀。

圓頂吐司作法

135 克麵糰 4 份。搓揉成麵包
捲狀。詳細作法參考 P85、86

13 冷凍

將麵糰冷凍 10 分鐘。

14 整形

帶蓋吐司作法

將麵糰以桿麵棍桿長後翻面，
包入什錦水果乾 30 克，捲成
長條狀再輕輕凹折成 U 字型。
三塊麵糰以一正一反，放置於
吐司模中。

圓頂吐司作法

將麵糰以桿麵棍桿長後翻面，
包入什錦水果乾 25 克後捲成
小卷，讓麵糰沾上麵粉再置入
吐司模中。

整形的詳細作法參考 P87、88

發酵、烘烤與出爐

15 發酵

常溫約三小時，一定要達到九
分高才可以開始烤。

16 烘烤

帶蓋吐司烘烤時間 ⏰35 分鐘：
上火 210 度／下火 230 度。
圓頂吐司烘烤時間 ⏰32 分鐘：
上火 160 度／下火 230 度。

17 出爐

Chocolate Toast

巧克力吐司

天然的抗氧化劑

天然可可粉中的生物鹼具有健胃、刺激胃液分泌，促進蛋白質消化。此外，可可含有 500 多種芳香物質，味道和口感令人回味無窮，大人小孩都喜歡。

主麵糰

中筋麵粉	1000 克
糖	100 克
鹽	12 克
乾酵母	10 克
冰塊	200 克
水	480 克
奶油	80 克
可可粉	30 克
麵糰總重	1912 克

餡料

耐烤焙水滴巧克力：

- 圓頂吐司　　　 40 克
- 帶蓋吐司　　　 45 克

1/8 核桃：

- 圓頂吐司　　　 40 克
- 帶蓋吐司　　　 45 克

1 備料

將中筋麵粉、糖、鹽、酵母、可可粉等乾性材料一起放入攪拌缸。

2 攪拌

慢速攪拌約十秒鐘，讓材料充分混合。

3 加入濕性材料

將冰塊及水從攪拌缸的旁邊慢慢加入。

4 攪拌

以慢速拌慢，攪至冰塊完全融化。

5 檢視

把攪拌缸側邊攪拌不到的水分以刮刀刮下，讓材料攪拌一致。

6 攪拌

開中速攪拌 3 至 4 鐘。

7 加入奶油

8 攪拌

繼續以慢速攪拌 3 至 4 鐘。

✎ 這時麵糰裡都看不到奶油了，但攪拌棒與攪拌缸的側邊都會沾上殘餘奶油，利用刮刀將奶油刮入麵糰中

9 攪拌

以中速攪拌，大約 2 至 3 分鐘。

10 拉出一小塊麵糰，測試一下是否可以拉出薄膜。

✎ 若可以成功拉出薄膜，代表麵糰已經完成囉

11 拿起麵糰

12 分割

先切條，再分塊。

帶蓋吐司作法

180 克麵糰 3 份。搓揉成圓球狀。

圓頂吐司作法

135 克麵糰 4 份。搓揉成麵包捲狀。詳細作法參考 P85、86

13 冷凍

將麵糰冷凍 10 分鐘。

14 整形

帶蓋吐司作法

將麵糰以桿麵棍桿長後翻面，包入水滴巧克力 15 克，捲成長條狀再輕輕凹折成 U 字型。三塊麵糰以一正一反，放置於吐司模中。

圓頂吐司作法

將麵糰以桿麵棍桿長後翻面，包入水滴巧克力 10 克後捲成小卷，讓麵糰沾上麵粉再置入吐司模中。

整形的詳細作法參考 P87、88

15 發酵

常溫約三小時，一定要達到九分高才可以開始烤。

16 烘烤

帶蓋吐司烘烤時間 ⏰35 分鐘：上火 210 度／下火 230 度。

圓頂吐司烘烤時間 ⏰32 分鐘：上火 160 度／下火 230 度。

17 出爐

Mocha Toast

摩卡咖啡吐司

帶入咖啡香的
吐司組合

加入咖啡製作的吐司，吃得出淡淡咖啡香，卻又
不過分濃郁。實際操作一次，就可分辨加入香精
與咖啡的不同香氣。

主麵糰

中筋麵粉	1000 克
糖	100 克
鹽	12 克
乾酵母	10 克
冰塊	200 克
水	450 克
奶油	70 克
咖啡粉	10 克
麵糰總重	1852 克

餡料

1/8 烘焙用生核桃：

• 圓頂吐司	80 克
• 帶蓋吐司	75 克

麵糰製作

1 備料

將中筋麵粉、糖、鹽、酵母、咖啡粉等乾性材料一起放入攪拌缸。

2 攪拌

慢速攪拌約十秒鐘，讓材料充分混合。

3 加入濕性材料

將冰塊及水從攪拌缸的旁邊慢慢加入。

4 攪拌

以慢速拌慢，攪至冰塊完全融化。

5 檢視

把攪拌缸側邊攪拌不到的水分以刮刀刮下，讓材料攪拌一致。

6 攪拌

開中速攪拌 3 至 4 鐘。

7 加入奶油

8 攪拌

繼續以慢速攪拌 3 至 4 鐘。

🍃 這時麵糰裡都看不到奶油了，但攪拌棒與攪拌缸的側邊都會沾上殘餘奶油，利用刮刀將奶油刮入麵糰中

9 攪拌

以中速攪拌，大約 2 至 3 分鐘。

10 拉出一小塊麵糰，測試一下是否可以拉出薄膜。

🍃 若可以成功拉出薄膜，代表麵糰已經完成囉

11 拿起麵糰

分割與整形

12 分割

先切條，再分塊。

帶蓋吐司作法

180 克麵糰 3 份。搓揉成圓球狀。

圓頂吐司作法

135 克麵糰 4 份。搓揉成麵包捲狀。詳細作法參考 P85、86

13 冷凍

將麵糰冷凍 10 分鐘。

14 整形

帶蓋吐司作法

將麵糰以桿麵棍桿長後翻面，包入生核桃 25 克，捲成長條狀再輕輕凹折成 U 字型。三塊麵糰以一正一反，放置於吐司模中。

圓頂吐司作法

將麵糰以桿麵棍桿長後翻面，包入生核桃 20 克後捲成小卷，讓麵糰沾上麵粉再置入吐司模中。整形的詳細作法參考 P87、88

發酵、烘烤與出爐

15 發酵

常溫約三小時，一定要達到九分高才可以開始烤。

16 烘烤

帶蓋吐司烘烤時間 ⏰35 分鐘：上火 210 度／下火 230 度。
圓頂吐司烘烤時間 ⏰32 分鐘：上火 160 度／下火 230 度。

17 出爐

第四部

包料鹹香吐司

使用冰箱常見的鹹食材，做出跨越時間與年齡的吐司。
任何人不論是早餐、點心或消夜，隨時都可以來上一片。

01 番茄吐司　　　　　　04 起司吐司

02 香蔥玉米吐司　　　　05 煙燻起司吐司

03 火腿吐司

Tomato Toast

番茄吐司

番茄、九層塔與起司，
絕美的鹹食組合

番茄醬中除了茄紅素外還有維生素 B 群、膳食纖
維、礦物質、蛋白質及天然果膠等，比起新鮮番茄，
番茄醬裡的營養成分更容易被人體吸收。

材料

主麵糰

中筋麵粉	1000 克
糖	100 克
鹽	12 克
乾酵母	10 克
冰塊	200 克
水	250 克
番茄醬	200 克
九層塔葉	70 克
奶油	50 克
麵糰總重	1842 克

! point

九層塔不要梗,只取
其葉,洗淨後甩乾不
用切,備用

餡料

起司片

- 圓頂吐司準備 4 片。起
  司片先對切,1/2 片再等
  分為六。一開十二。

- 帶蓋吐司準備 3 片。起
  司片等分為五,一開五。

製作準備

1 備料

將中筋麵粉、糖、鹽、酵母
等乾性材料一起放入攪拌缸。

∨

2 攪拌

慢速攪拌約十秒鐘,讓材料
充分混合。

小胖老師提醒 若用中速或高速
攪拌,麵粉會噴飛

3 加入濕性材料

將水、冰塊、奶油、番茄醬
依序從攪拌缸的旁邊慢慢加
入。再將九層塔加入攪拌。

小胖老師提醒 若 1000 克麵粉
搭配 50 克以下的油脂,油脂可
與濕料同時攪拌。油脂率較高
會影響麵筋的形成,故超過 50
克需分開攪拌

∨

4 攪拌

以慢速拌慢,攪至冰塊完全
融化。

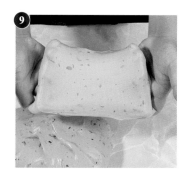

5 檢視

把攪拌缸側邊攪拌不到的水分以刮刀刮下,讓材料攪拌一致。

🌾 此時麵糰看起來表面有點粗糙

∨

7 攪拌

繼續以慢速攪拌3至4分鐘。

∨

9 攪拌

拉出一小塊麵糰,測試一下是否可以拉出薄膜

🌾 若可以成功拉出薄膜,代表麵糰已經完成囉

∨

6 攪拌

開中速攪拌 3 至 4 鐘。

小胖老師提醒 由於每一台攪拌機的力道各不相同,要用肉眼判斷,需攪拌至麵糰表面光滑(與步驟 5 有明顯不同),才能進行下一階段

8 攪拌

以中速攪拌,大約2至3分鐘。

🌾 以眼睛判斷,直到麵糰表面光滑為止

10 拿起麵糰

小胖老師提醒 可以滴入三四滴沙拉油至麵糰表面上,再開動攪拌機稍微攪個兩三圈(不要攪太久,不然油會再次滲進麵糰中),接著,用單手從攪拌棒的上方順著攪拌棒往下推到缸底後,就可以一口氣將麵糰完整取出,不會殘留。

11 分割

先切條，再分塊。

✐ 盡量切成圓型或四方形，邊切邊秤重

180 克麵糰 3 份。

拿起麵糰輕輕搓揉，使之表面光滑，不需要特別使力

✐ 麵糰直徑約為 8 公分

小技巧

1. **噴油**：麵糰剛取出時，表面會沾黏，為了方便分切，可在表面噴點油

2. **塑膠桿麵棍**：建議使用**塑膠桿**麵棍。木頭桿麵棍有毛細孔，在桿製過程中容易產生沾黏，塑膠桿麵棍相對好用。

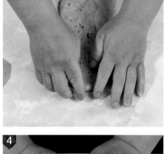

135 克麵糰 4 份。

用桿麵棍將麵糰桿長後整面翻面,再從尾端把麵糰輕輕捲回來,完成一捲。

✏ 寬度大約 11 公分

建議每一條麵糰長度一致,長度不夠的可以用手輕輕把麵糰再滾長一點。

小胖老師提醒 用桿麵棍將麵糰桿長,把多餘的空氣都桿壓出麵糰,這是口感綿密的小祕訣。

12 冷凍

將麵糰冷凍 10 分鐘。此舉可提高麵糰的可塑性,也能降低麵糰黏手感。但若冰太久會太硬,不容易桿開。

✏ 若真的冰太久,可室溫退冰

13 整形

從冷凍庫取出後,先噴上一點油以方便操作

將其中一塊麵糰取出，用桿
麵棍桿長。

✍ 寬 13 公分／長 30 公分

後翻面，平均放入 12 片小
起司，完成後用手輕輕捲起
成長條狀。

✍ 寬度約 18 公分

輕輕凹折成 U 字型。

三塊麵糰以一正一反，先平
置於桌面，接著雙手十指張
開，從正上方垂直往下，力
道平均抓起三塊麵糰，再放
置於吐司模中。可以手指指
背輕壓塑形。

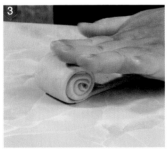

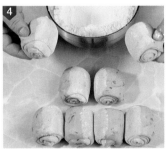

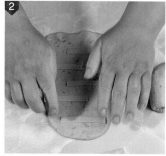

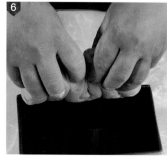

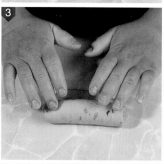

麵糰底部朝上斜放，大約與身體 45 度角。

桿麵棍先從麵糰三分之一處下棍，接著朝向身體往下桿，完成後一手拉著麵糰前端，另一手將桿麵棍輕輕往前推。此舉是要把空氣完全擠出

✍ 四個麵糰的力道盡量控制一致，避免吐司大小不一。

此時麵糰長度大約 40 公分，平均放入 5 片起司片，完成後，再從麵糰前端開始，把麵糰輕輕捲回。

小技巧

放進吐司模前，將第一塊麵糰的側邊沾點麵粉，接著放入吐司模。將沒有沾麵粉的那側靠著吐司模，有沾麵粉的那側，將與第二塊麵糰接觸。在第二塊麵糰兩側都沾上麵粉，讓沾粉的那一側與下一塊麵糰接觸。

由於四個麵糰在發酵或膨脹的過程中會互相拉扯，造成圓頂吐司會高低大小不一致，若讓麵糰的接觸面都沾上麵粉，即可降低麵糰黏著的狀況，在膨脹過程中大小就會一致了。

14 發酵

蓋上蓋子後進行發酵，一定要達到九分高才可以開始烤

✎ 常溫約三小時，會依據季節及室內溫度影響發酵時間

16 出爐

小技巧

離開烤箱請盡快脫模，以避免吐司回縮。

15 烘烤

帶蓋吐司：上火 210 度／下火 230 度。烤 🕐 35 分鐘。

圓頂吐司：上火 160 度／下火 230 度。烤 🕐 32 分鐘。

小胖老師提醒 由於每台烤箱的溫度皆有些微落差，視個人的烤箱情況而定。一般烤箱底火溫度約在 210-240 度之間。

Corn Toast

香蔥玉米吐司

好吃又好看的
鹹甜組合

甜玉米含 7 種抗衰劑，可以降血壓、降血脂、增
加記憶力、抗衰老，內含的葉黃素和玉米黃質有
著強大的抗氧化作用，可以吸收進入眼球內的有
害光線以保護視力。

材料

主麵糰

中筋麵粉	1000 克
糖	50 克
鹽	17 克
乾酵母	10 克
冰塊	200 克
水	500 克
奶油	60 克
乾燥青蔥	15 克
麵糰總重	1852 克

① point

乾燥青蔥用調理機打成粉末狀

餡料

玉米將多餘水分吸乾後備用。

麵糰製作

1 備料

將中筋麵粉、糖、鹽、酵母、乾燥青蔥等乾性材料一起放入攪拌缸。

2 攪拌

慢速攪拌約十秒鐘,讓材料充分混合。

3 加入濕性材料

將冰塊及水從攪拌缸的旁邊慢慢加入。

4 攪拌

以慢速拌慢,攪至冰塊完全融化。

5 檢視

把攪拌缸側邊攪拌不到的水分以刮刀刮下,讓材料攪拌一致。

6 攪拌

開中速攪拌 3 至 4 鐘。

7 加入奶油

8 攪拌

繼續以慢速攪拌 3 至 4 鐘。

✎ 這時麵糰裡都看不到奶油了,但攪拌棒與攪拌缸的側邊都會沾上殘餘奶油,利用刮刀將奶油刮入麵糰中

9 攪拌

以中速攪拌,大約 2 至 3 分鐘。

10 拉出一小塊麵糰,測試一下是否可以拉出薄膜。

✎ 若可以成功拉出薄膜,代表麵糰已經完成囉

11 拿起麵糰

分割與整形

12 分割

先切條,再分塊。

帶蓋吐司作法

180 克麵糰 3 份。搓揉成圓球狀。

圓頂吐司作法

135 克麵糰 4 份。搓揉成麵包捲狀。詳細作法參考 P147、148

13 冷凍

將麵糰冷凍 10 分鐘。

14 整形

帶蓋吐司作法

將麵糰以桿麵棍桿長後翻面,包入玉米粒 25 克,捲成長條狀再輕輕凹折成 U 字型。三塊麵糰以一正一反,放置於吐司模中。

圓頂吐司作法

將麵糰以桿麵棍桿長後翻面,包入玉米粒 20 克後捲成小卷,讓麵糰沾上麵粉再置入吐司模中。

整形的詳細作法參考 P149、150

發酵、烘烤與出爐

15 發酵

常溫約三小時,一定要達到九分高才可以開始烤。

16 烘烤

帶蓋吐司烘烤時間 ⏰ 35 分鐘:上火 210 度／下火 230 度。
圓頂吐司烘烤時間 ⏰ 32 分鐘:上火 160 度／下火 230 度。

17 出爐

Ham Toast

火腿吐司

百吃不膩的
最佳選擇

黑橄欖富含鈣質和維生素 C，且易被人體吸收。
與火腿搭配，散發出沁人心脾的香味，讓吐司呈
現出色香味俱全的完美。

材料

主麵糰

中筋麵粉	1000 克
糖	50 克
鹽	20 克
乾酵母	10 克
冰塊	200 克
水	450 克
橄欖油	70 克
義式香料	3 克
黑橄欖	80 克
麵糰總重	1883 克

⦿ point
準備無子黑橄欖罐頭，將液體瀝乾備用，不用切碎

餡料

火腿丁，建議買整條自行切丁（大小約 1 公分），口感較佳，且大小可自行調整。

• 圓頂吐司準備 120 克
• 帶蓋吐司準備 105 克

麵糰製作

1 備料
將中筋麵粉、糖、鹽、酵母、義式香料等乾性材料一起放入攪拌缸。

2 攪拌
慢速攪拌約十秒鐘，讓材料充分混合。

3 加入濕性材料
加入冰塊，將橄欖油先加入水中，充分攪拌後再從攪拌缸的旁邊慢慢加入。

小胖老師提醒 橄欖油為液態油，一定要先加在水裡攪拌再入麵糰，若直接倒入麵糰將無法均勻混和。

4 攪拌
以慢速拌慢，攪至冰塊完全融化。

5 檢視
把攪拌缸側邊攪拌不到的水分以刮刀刮下，讓材料攪拌一致。

6 攪拌
開中速攪拌 3 至 4 鐘。

7 加入黑橄欖
不用切碎直接加入

8 攪拌
繼續以慢速攪拌 3 至 4 鐘。

9 攪拌
黑橄欖都攪碎後，再以中速攪拌至十分筋，大約 30 秒至 1 分鐘。

10 拉出一小塊麵糰，測試一下是否可以拉出薄膜。
✍ 若可以成功拉出薄膜，代表麵糰已經完成囉

11 拿起麵糰

分割與整形

12 分割
先切條，再分塊。
帶蓋吐司作法
180 克麵糰 3 份。搓揉成圓球狀。
圓頂吐司作法
135 克麵糰 4 份。搓揉成麵包捲狀。詳細作法參考 P147、148

13 冷凍
將麵糰冷凍 10 分鐘。

14 整形
帶蓋吐司作法
將麵糰以桿麵棍桿長後翻面，包入火腿丁 35 克，捲成長條狀再輕輕凹折成 U 字型。三塊麵糰以一正一反，再後放置於吐司模中。
圓頂吐司作法
將麵糰以桿麵棍桿長後翻面，包入火腿丁 30 克後捲成小卷，讓麵糰沾上麵粉後再置入吐司模中。
整形的詳細作法參考 P149、150

發酵、烘烤與出爐

15 發酵
常溫約三小時，一定要達到九分高才可以開始烤。

16 烘烤
帶蓋吐司烘烤時間 ⏰35 分鐘：上火 210 度／下火 230 度。
圓頂吐司烘烤時間 ⏰32 分鐘：上火 160 度／下火 230 度。

17 出爐

起司吐司

男女老少皆宜的
優質食品

起司濃縮了牛乳的營養成分，含鈣量高，多吃可
以預防骨質疏鬆症。尤其是兒童、老年人及孕婦，
更需要積極地補充鈣質，多吃無害。

主麵糰

中筋麵粉	1000 克
糖	120 克
鹽	12 克
乾酵母	10 克
冰塊	150 克
全脂牛奶	520 克
奶油	80 克
麵糰總重	1892 克

（此麵糰配方同 P20 的鮮奶
吐司配方）

餡料

起司丁：

• 圓頂吐司準備 120 克
• 帶蓋吐司準備 105 克

（可依喜好自行增加）

白芝麻備用

麵糰製作

1 備料

將中筋麵粉、糖、鹽、酵母等乾性材料一起放入攪拌缸。

2 攪拌

慢速攪拌約十秒鐘，讓材料充分混合。

3 加入濕性材料

將冰塊先加入牛奶中，從攪拌缸的旁邊慢慢加入。

4 攪拌

以慢速拌慢，攪至冰塊完全融化。

5 檢視

把攪拌缸側邊攪拌不到的水分以刮刀刮下，讓材料攪拌一致。

6 攪拌

開中速攪拌 3 至 4 鐘。

7 加入奶油

8 攪拌

繼續以慢速攪拌 3 至 4 鐘。

✐ 這時麵糰裡都看不到奶油了，但攪拌棒與攪拌缸的側邊都會沾上殘餘奶油，利用刮刀將奶油刮入麵糰中

9 攪拌

以中速攪拌，大約 2 至 3 分鐘。

10 拉出一小塊麵糰，測試一下是否可以拉出薄膜。

✐ 若可以成功拉出薄膜，代表麵糰已經完成囉

11 拿起麵糰

分割與整形

12 分割

先切條，再分塊。

帶蓋吐司作法

180 克麵糰 3 份。搓揉成圓球狀。

圓頂吐司作法

135 克麵糰 4 份。搓揉成麵包捲狀。詳細作法參考 P147、148

13 冷凍

將麵糰冷凍 10 分鐘。

14 整形

帶蓋吐司作法

將麵糰以桿麵棍桿長後翻面，包入起司丁 35 克，捲成長條狀再輕輕凹折成 U 字型。三塊麵糰以一正一反，將麵糰沾滿白芝麻後放置於吐司模中。

圓頂吐司作法

將麵糰以桿麵棍桿長後翻面，包入起司丁 30 克後捲成小卷，讓麵糰沾滿白芝麻後再置入吐司模中。

整形的詳細作法參考 P149、150

發酵、烘烤與出爐

15 發酵

常溫約三小時，一定要達到九分高才可以開始烤。

16 烘烤

帶蓋吐司烘烤時間 ⏲35 分鐘：上火 210 度／下火 230 度。
圓頂吐司烘烤時間 ⏲32 分鐘：上火 160 度／下火 230 度。

17 出爐

Smoked Cheese Toast

煙燻起司吐司

無時無刻的
完美點心

起司高鈣，多吃無害可幫助生長或預防骨質疏鬆，適合各年齡層食用。選擇煙燻起司，在烘焙過後的風味，更增添層次感。

主麵糰

中筋麵粉	1000 克
糖	50 克
鹽	18 克
乾酵母	10 克
冰塊	200 克
水	450 克
奶油	80 克
麵糰總重	1808 克

餡料

煙燻起司刨絲備用：

• 圓頂吐司準備　40 克
• 帶蓋吐司準備　45 克

麵糰製作

1　備料

將中筋麵粉、糖、鹽、酵母等乾性材料一起放入攪拌缸。

2　攪拌

慢速攪拌約十秒鐘，讓材料充分混合。

3　加入濕性材料

將冰塊先加入水中，從攪拌缸的旁邊慢慢加入。

4　攪拌

以慢速拌慢，攪至冰塊完全融化。

5　檢視

把攪拌缸側邊攪拌不到的水分以刮刀刮下，讓材料攪拌一致。

6　攪拌

開中速攪拌 3 至 4 鐘。

7　加入奶油

8　攪拌

繼續以慢速攪拌 3 至 4 鐘。

✎ 這時麵糰裡都看不到奶油了，但攪拌棒與攪拌缸的側邊都會沾上殘餘奶油，利用刮刀將奶油刮入麵糰中

9　攪拌

以中速攪拌，大約 2 至 3 分鐘。

10　拉出一小塊麵糰，測試一下是否可以拉出薄膜。

✎ 若可以成功拉出薄膜，代表麵糰已經完成囉

11　拿起麵糰

分割與整形

12　分割

先切條，再分塊。

帶蓋吐司作法

180 克麵糰 3 份。搓揉成圓球狀。

圓頂吐司作法

135 克麵糰 4 份。搓揉成麵包捲狀。詳細作法參考 P147、148

13　冷凍

將麵糰冷凍 10 分鐘。

14　整形

帶蓋吐司作法

將麵糰以桿麵棍桿長後翻面，包入 15 克煙燻起司後，捲成長條狀再輕輕凹折成 U 字型。三塊麵糰以一正一反，放置於吐司模中。

圓頂吐司作法

將麵糰以桿麵棍桿長後翻面，包入 10 克煙燻起司後，捲成小卷，讓麵糰沾上麵粉再置入吐司模中。

整形的詳細作法參考 P149、150

發酵、烘烤與出爐

15　發酵

常溫約三小時，一定要達到九分高才可以開始烤。

16　烘烤

帶蓋吐司烘烤時間 ⏰35 分鐘：上火 210 度／下火 230 度。
圓頂吐司烘烤時間 ⏰32 分鐘：上火 160 度／下火 230 度。

17　出爐

小胖老師王勇程的
零失敗吐司大全集

作　　　者／王勇程

攝　　　影／黃威博

美 術 編 輯／申朗創意

責 任 編 輯／華　華

企畫選書人／賈俊國

總 編 輯／賈俊國

副 總 編 輯／蘇士尹

編　　　輯／高懿萩

行 銷 企 畫／張莉榮・蕭羽猜

發 行 人／何飛鵬

法 律 顧 問／元禾法律事務所王子文律師

出　　　版／布克文化出版事業部

　　　　　　台北市中山區民生東路二段 141 號 8 樓

　　　　　　電話：(02)2500-7008 傳真：(02)2502-7676

　　　　　　Email：sbooker.service@cite.com.tw

發　　　行／英屬蓋曼群島商家庭傳媒股份有限公司城邦分公司

　　　　　　台北市中山區民生東路二段 141 號 2 樓

　　　　　　書虫客服服務專線：（02）2500-7718；2500-7719

　　　　　　24 小時傳真專線：（02）2500-1990；2500-1991

　　　　　　劃撥帳號：19863813；戶名：書虫股份有限公司

　　　　　　讀者服務信箱：service@readingclub.com.tw

香港發行所／城邦（香港）出版集團有限公司

　　　　　　香港灣仔駱克道 193 號東超商業中心 1 樓

　　　　　　電話：+852-2508-6231　　傳真：+852-2578-9337

　　　　　　Email：hkcite@biznetvigator.com

馬新發行所／城邦（馬新）出版集團 Cité (M) Sdn. Bhd.

　　　　　　41, Jalan Radin Anum, Bandar Baru Sri Petaling,

　　　　　　57000 Kuala Lumpur, Malaysia

　　　　　　電話：+603- 9057-8822　　傳真：+603- 9057-6622

　　　　　　Email：cite@cite.com.my

印　　　刷／韋懋實業有限公司

初　　　版／2020 年 03 月

售　　　價／450 元

Ｉ Ｓ Ｂ Ｎ／978-986-5405-64-9

城邦讀書花園
www.cite.com.tw　WWW.SBOOKER.COM.TW

布克文化